国家骨干高职院校工学结合创新成果系列教材

通信电子线路

主　编　蔡永强

副主编　石　巍　罗振瑛

主　审　宁爱民

中国水利水电出版社
www.waterpub.com.cn

内 容 提 要

本教材依据高等职业教育的发展要求，结合高等职业院校教学改革和创新，根据通信类、电子类专业群对高频电子技术的需求，借鉴了国内部分高等院校的有关教材，在编者多年教学与实践经验的基础上，以项目课程为主体，以基本概念、基本知识和基本分析计算方法为主线设计模块化课程，使学生掌握必要的基本理论知识，并使学生分析问题、解决问题的能力得到培养和提高。

教材通过 7 个项目介绍了无线通信系统，小信号选频放大器，高频功率放大器，正弦波振荡器，振幅调制、解调与混频电路，角度调制与解调的分析与设计，分析反馈控制电路等。教材内容适量、实用、叙述简单，便于理解。计算分析过程思路清晰、步骤详细、结果正确，并配有针对性较强的项目考核习题。

本教材可以作为高职高专通信类、电子类相关专业通信电子线路、高频电子线路课程的教学用书，也可供相关工程技术人员学习参考。

图书在版编目（ＣＩＰ）数据

通信电子线路 / 蔡永强主编. -- 北京 ：中国水利水电出版社，2014.9
　国家骨干高职院校工学结合创新成果系列教材
　ISBN 978-7-5170-2752-2

Ⅰ．①通… Ⅱ．①蔡… Ⅲ．①通信系统－电子电路－高等职业教育－教材 Ⅳ．①TN91

中国版本图书馆CIP数据核字(2014)第303781号

书　　　名	国家骨干高职院校工学结合创新成果系列教材 **通信电子线路**
作　　　者	主编　蔡永强　　主审　宁爱民
出 版 发 行	中国水利水电出版社 （北京市海淀区玉渊潭南路1号D座　100038） 网址：www.waterpub.com.cn E-mail：sales@waterpub.com.cn 电话：（010）68367658（发行部）
经　　　售	北京科水图书销售中心（零售） 电话：（010）88383994、63202643、68545874 全国各地新华书店和相关出版物销售网点
排　　　版	中国水利水电出版社微机排版中心
印　　　刷	北京嘉恒彩色印刷有限责任公司
规　　　格	184mm×260mm　16开本　10.5印张　249千字
版　　　次	2014年9月第1版　2014年9月第1次印刷
印　　　数	0001—3000册
定　　　价	**25.00**元

国家骨干高职院校工学结合创新成果系列教材
编 委 会

前言

通信电子线路是通信工程、电子信息工程等电子信息类专业重要的专业课程，课程研究的是高频信号的产生、发射、接收和处理的有关方法和电路，因此又称高频电子线路，主要解决无线电广播、电视和通信中发射与接收电路的有关技术问题。课程比较全面地涵盖电路、模拟电子、信号与系统等电子技术基础知识，有很强的理论性、工程性与实践性。

通信电子线路是高职高专通信工程专业人才培养方案中不可或缺的一门专业课程，但也是非常难教好、学好的一门课程。在该课程的理论教学中，由于涉及大量的公式计算、工作原理分析，加上高职高专的学生基础相对薄弱，学习难度大。在课程的实践教学中，由于高频信号电路稳定性较差，很容易受干扰，不容易得到理想的实验结果。因此通信电子线路课程一直是高职高专通信工程专业教学改革的重点和难点。

《教育部关于加强高职高专教育人才培养工作的意见》（教高〔2000〕2号）文件中指出："高职高专教育人才培养模式的基本特征是以培养高等技术应用性专门人才为根本任务；以适应社会需要为目标、以培养技术应用能力为主线设计学生的知识、能力、素质结构和培养方案，毕业生应具有基础理论知识适度、技术应用能力强、知识面较宽、素质高等特点。"

教高〔2000〕2号文中还指出："教学内容要突出基础理论知识的应用和实践能力培养，基础理论教学要以应用为目的，以必需、够用为度；专业课教学要加强针对性和实用性。"

课程和教学内容体系改革是高职高专教学改革的重点和难点，既要让专业学生拥有扎实的基础理论知识，使学生能有更好的可持续发展潜力，又要让学生具备较强的职业岗位技能，还要考虑高职高专学生的实际基础，激发学习兴趣，让学生愿意学、学得懂、懂得用。因此，专业教学改革的重点之一是教学内容改革，根据课程的特点，基础理论知识与应用性、实践性并重，重组课程结构，更新教学内容。同时，还要注重人文社会科学与技术教育相结合，对教学方法、教学手段进行改革。

《通信电子线路》是在国家骨干高职院校建设项目背景下，应用高职高专教学改革理论，结合教学实际而编写的教学用书。

本教材由广西水利电力职业技术学院蔡永强任主编，负责全书的组织策划、修改补充和定稿工作，并编写了项目1和项目2。广西水利电力职业技术学院石巍、罗振瑛任副主编，石巍编写项目3、项目4和项目5，并负责全书的校核工作；罗振瑛编写项目6和项目7，并负责全书大部分电路的验证工作。广西水利电力职业技术学院宁爱民教授任主审，审阅了全书并提出宝贵的意见和建议，在此表示衷心感谢！

由于编者水平有限，错误之处在所难免，恳请读者批评指正。

编者

2014 年 5 月

目　录

项目1 了解无线通信系统

项目内容

- 了解通信系统。
- 了解无线通信系统。

知识目标

- 了解通信系统的组成，熟悉通信系统各模块的作用。
- 掌握通信系统的基本分类。
- 了解无线通信采用高频信号的原因。
- 掌握无线电波传播的机理。
- 了解无线电的波段划分，及各波段在通信领域中的应用。

能力目标

- 能区分无线/有线、模拟/数字通信系统。
- 能根据无线电波的波长选择发射/接收天线的长度。

任务1.1 了解通信系统

任务描述

通信电子线路是通信系统的硬件基础，为了更好地学习通信电子线路，必须了解通信系统，掌握通信系统的组成及机理，熟悉通信系统的常见类型。

任务目标

- 了解通信系统的组成，熟悉通信系统各模块的作用。
- 掌握通信系统的基本分类。

1.1.1 通信系统简介

1.1.1.1 什么是通信系统

通信是指从发送者到接收者之间的信息传输。

随着通信对象、通信距离等因素的不同，具体的表现形式也不同。比如，人与人之间的通信，距离很近时，通信的形式就是语言的交流；距离很远时，传统方式则会通过邮政信件进行通信，现代方式是使用电话等电子通信方式。

电子通信时，使用电信号或光信号来传输信息，整个信息传输系统称为通信系统，采用电信号的通信系统一般称为电信系统。

1.1.1.2 基本通信系统的结构

基本通信系统由信源、输入变换器、发送设备、信道、接收设备、输出变换器、信宿和噪声源等组成，系统组成如图 1.1.1 所示。

图 1.1.1 基本通信系统

信源就是信息的来源，不同形式的信息，如语言、文字、图像或数据等，其来源也各不相同。

输入变换器的作用是将来自信源的信息变换成电信号，比如电话机把语音变换成电信号、传真机把图片变换成电信号等。输入变换器送出的电信号称为基带信号。

发送设备把原始的基带信号进行处理，以满足传输信道的要求，实现有效的传输。发送设备常见的信号处理是功率放大和调制，功率放大的主要目的是使信号具有足够功率来实现远距离传输，调制一般是变换基带信号的频率及波形，使其适合在信道上传输。调制后的信号称为已调信号。

信道是信号传输的通道，信道是逻辑通道，是信号传输到接收设备之前，所经过的全部传输介质和中间设备的统称，又称传输媒介、传输介质，是传输过程中的信号载体。

接收设备负责把信道送来的已调信号接收下来并解调成基带信号，输出变换器负责把基带信号还原成原始形式的信息，以便信息的接受者（信宿）理解。接收设备和发送设备的功能相反，输出变换器和输入变换器的功能相反。

由于大多数的通信都是双向的，即通信的对象既是信源也是信宿，因此双向通信的每一端均有发端和收端设备，并且大多数系统会把输入变换器、发送设备、接收设备和输出设备组装在一起，构成输入/输出设备，常见的输入/输出设备有调制/解调器。

通信系统都是在有干扰的环境下工作的（图 1.1.1 中集中以噪声源表示），良好的通信系统应在各种环境下都能保证可靠、正确地传输信息。

1.1.2 通信系统分类

通信系统的种类很多，比如按通信业务（即所传输的信息种类）的不同，可分为电话、电报、传真、数据通信系统；按照通信设备的工作频率或波长的不同，分为长波通信、中波通信、短波通信、微波通信等。

常见的通信系统分类有以下两种。

1. 有线通信系统和无线通信系统

通信系统按所用信道的不同可分为两类：①以线缆为信道的通信系统，称为有线通信系统，如使用金属导线作为传输媒介的有线电话等；②以不需要线缆，而是以大气、空间、水或岩、土等为信道的通信系统，称为无线通信系统，如移动电话、卫星通信等。

光通信系统也有"有线"和"无线"之分，它们所用的传输媒介分别为光学纤维和大气、空间或水。

2. 模拟通信系统和数字通信系统

在时间上是连续变化的信号，称为模拟信号（如语音）；在时间上离散、其幅度取值也是离散的信号称为数字信号（如计算机数据）。模拟信号和数字信号可以互相转换，模拟信号通过模拟/数字变换（包括采样、量化和编码过程）可变成数字信号，数字信号通过数字/模拟变换（包括检波、混频、滤波等过程）也可变成模拟信号。

通信系统中传输的基带信号为模拟信号时，这种系统称为模拟通信系统；传输的基带信号为数字信号的通信系统称为数字通信系统。早期的移动通信是模拟通信系统，目前的移动通信系统是数字通信系统。

任务 1.2　了解无线通信系统

任务描述

近些年信息通信领域中，发展最快、应用最广的就是无线通信技术，无线通信离不开高频信号，而通信电子线路课程讲述的高频电子线路就是为处理高频信号，从而为无线通信服务的。

任务目标

- 了解无线通信采用高频信号的原因。
- 掌握无线电波的传播机理。
- 了解无线电广播发送和接收设备的基本结构。
- 了解无线电的波段划分，及各波段在通信领域中的应用。

1.2.1　无线通信与高频信号

无线通信（Wireless Communication）是利用电磁波信号可以在自由空间中传播的特性进行信息交换的一种通信方式。

近些年信息通信领域中，发展最快、应用最广的就是无线通信技术。在移动中实现的无线通信又通称为移动通信，人们把两者合称为无线移动通信。

无线通信中一般采用高频信号。高频信号也称射频信号，由于它的频率较高，比较适合天线发射、传播和接收。

无线通信采用高频信号的原因主要是：①信号频率越高，可利用的频带宽度就越宽，信道容量就越大，而且可以减小或避免频道间的干扰；②因为只有天线尺寸大小与信号波长相近时（理论和实践证明，发射天线的尺寸至少应该是发射信号波长的 1/10），电信号才有较高的辐射效率和接收效率。比如话音的频率只有 $0.1 \sim 6 \mathrm{kHz}$，假设为 $1 \mathrm{kHz}$，根据信号频率 f（Hz）与其波长 λ（m）的关系公式：$\lambda = c/f$（c 为无线电在空间传播的速度，与光速相同，$c = 3 \times 10^8 \mathrm{m/s}$），那么其波长为 $300 \mathrm{km}$，需要用 $30 \mathrm{km}$ 以上的天线，显然是不可能实现的。因此，波长较短的高频信号可以使用较短的天线，更适合无线通信的天线辐射和接收；③无线通信使用高频信号时，可以采用较小的信号功率，就能传播较远的距离，也可获得较高的接收灵敏度。

1.2.2　无线电波及其传播

无线通信使用无线电波实现信息的传输，无线电波是应用最早、最广泛的电磁波。

根据现代物理学的观点，电场和磁场都是一种物质。无线电波就是电场和磁场的传播。因而，无线电波也是一种物质。只是这种物质既和一般由分子与原子组成的物质不同，是一种用肉眼看不到的特殊的物质，又与一般的机械波（如声波）不同。一般的机械波其本身不是一种物质，它需要有媒质存在才能传播。例如，声音在真空中就不能传播。而电磁波在真空中也能传播，不用依赖任何媒质。正因为电磁波具有特殊性，才使其能上天入地、大显神通。

电波从一种媒质进入另一种媒质时，会产生反射、折射、绕射和散射现象，同时速度也会发生变化；不同媒质对同一频率的电波还具有不同的吸收作用。电波的传播情况和电流不同。电流一般在导体中"流动"，而电波是不能在导体中传播的，金属材料制成的壳体对电波具有"屏蔽作用"，电波既进不去也出不来；相反，电波在绝缘的介质中却容易传播。

电波在传播过程中，随着距离的增加，单位面积的能量会逐渐减少；距离越远，减少得越多。这是因为发射出去的电磁波，一般总要向四面八方传播。这些电波可设想为是以发射天线为中心向外逐渐扩大的球面，辐射的电波能量就分布在这些球面上。所以，单位面积的能量是与距离的平方成反比的。再加上空气和地面障碍物还要吸收一部分能量，因而离开波源越远，电波的强度就越小。

无线电波通过多种传输方式从发射天线到接收天线，主要传播方式有：地波、天波和空间波。

1. 地波

沿地球表面附近的空间传播的无线电波称为地表面波，简称为地波。地波传播时，无线电波可随地球表面的弯曲而改变传播方向，如图 1.2.1 所示。其传播途径主要取决于地面的电特性。

图 1.2.1　无线电波沿地面传播

地面上有高低不平的山坡和房屋等障碍物，根据波的衍射特性，当波长大于或相当于障碍物的尺寸时，波才能明显地绕到障碍物的后面。地面上的障碍物一般不太大，长波可以很好地绕过它们。中波和中短波也能较好地绕过，短波和微波由于波长过短，绕过障碍物的本领就很差了。

地球是个良导体，地球表面会因地波的传播引起感应电流，因而地波在传播过程中有能量损失。频率越高，损失的能量越多。所以无论从衍射的角度看还是从能量损失的角度看，长波、中波和中短波沿地球表面可以传播较远的距离，而短波和微波则不能。

地波的传播比较稳定，不受昼夜变化的影响，而且能够沿着弯曲的地球表面达到地平线以外的地方，所以长波、中波和中短波用来进行无线电广播。

由于地波在传播过程中要不断损失能量，而且频率越高（波长越短）损失越大，因此中波和中短波的传播距离不大，一般在几百千米范围内，收音机在这两个波段一般只能收听到本地或邻近省市的电台。长波沿地面传播的距离要远得多，但发射长波的设备庞大，造价高，所长波很少用于无线电广播，多用于超远程无线电通信和导航等。

2. 天波

天波依靠电离层的反射来传播的无线电波称为天波，如图1.2.2所示。

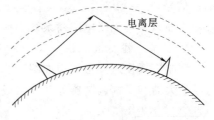

图 1.2.2 无线电波靠电离层反射传播

地球的大气层一般可分为3层：离地面18km以内，大气是互相对流的，称为对流层；离地面18～60km的空间，气体对流现象减弱，称为平流层；离地面60～20000km的范围，大气中一部分气体分子由于受到太阳光的照射而丢失电子，即发生电离，产生带正电的离子和自由电子，这层大气就称为电离层。

电离层对于不同波长的电磁波表现出不同的特性。实验证明，波长短于10m的微波能穿过电离层，波长超过3000km的长波，几乎会被电离层全部吸收。对于中波、中短波、短波，波长越短，电离层对它吸收得越少而反射得越多。因此，短波最适宜以天波的形式传播，它可以被电离层反射到几千千米以外。但是，电离层是不稳定的，白天受阳光照射时电离程度高，夜晚电离程度低。因此夜间它对中波和中短波的吸收减弱，这时中波和中短波也能以天波的形式传播。收音机在夜晚能够收听到许多远地的中波或中短波电台，就是这个缘故。

3. 空间波

微波和超短波既不能以地波的形式传播，又不能依靠电离层的反射以天波的形式传播。它们跟可见光一样，是沿直线传播的。这种沿直线传播的电磁波称为空间波，如图1.2.3所示。

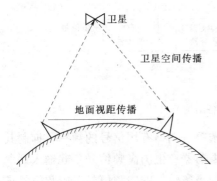

图 1.2.3 无线电波直线传播

空间波用于地面上的视距传播，以及卫星和外部空间的通信。直线传播方式受大气的干扰小，能量损耗少，所以收到的信号较强而且比较稳定。无线电视、雷达都采用空间波传输。

地球表面是球形的，为了增大微波距离，发射天线和接收天线都建得很高，但也只能达到几十千米。微波沿直线传播的距离一般限于视距范围，视线距离通常为50km左右。在进行远距离通信时，要设立中继站。由某地发射出去的微波，被中继站接收，进行放大，再传向下一站。这就像接力赛跑一样，一站传一站，把电信号传到远方。

现在，空间波传输也用于卫星或以星际为对象的通信中，比如同步通信卫星与地面站之间的直线微波通信。由于同步通信卫星静止在赤道上空3.6万km的高空，用它来做中继站，可以使无线电信号跨越大陆和海洋。

1.2.3 无线电发送与接收

通过基本通信系统模型可以知道，发送和接收设备是沟通本地设备与传输媒介的核心部分。无线通信的传输媒介是在自由空间传播的高频信号,因此,无线电通信系统的发送设备必须把低频基带信号调制成高频传输信号,然后通过天线发送出去。而无线电通信系统的接收设备则通过天线把高频传输信号接收下来,然后解调还原成低频基带信号。

下面以调幅无线电广播系统为例说明无线电发送和接收设备的结构。

1. 调幅广播发送设备

调幅广播发送设备结构如图 1.2.4 所示,通常由振荡器(也称载波发生器)、倍频器、低频放大器和振幅调制器等部分组成。

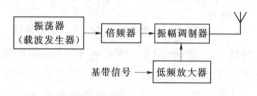

图 1.2.4 调幅广播发送设备结构

广播系统的基带信号是音频信号(主持人的话音、音乐等),属于低频信号,必须变换成高频信号才能通过天线发射出去。发射用的高频信号也称为载波信号,通过振荡器产生。振荡器产生的载波信号其频率不一定能达到要求,因此可能需要一级或多级倍频器来提高载波信号的频率,以达到发射的要求。载波信号和放大到合适电平的基带信号分别输入到调制器进行振幅调制,形成已调信号(高频调幅波)。已调信号必须有足够的功率,才能通过天线发射出去。

2. 调幅广播接收设备

调幅广播接收机(即常见的调幅收音机)结构如图 1.2.5 所示,通常由高频放大器(也称天线放大器)、本机振荡器、混频器、中频放大器、检波器和低频放大器等部分组成。

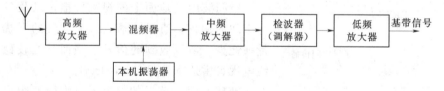

图 1.2.5 调幅广播接收设备结构

高频放大器负责把天线接收下来的微弱信号进行选频(选择有用信号的频率,抑制其他频率的无用信号)放大,放大后的已调信号与本机振荡器产生的高频信号一起输入到混频器,混频器的作用是将两个输入信号进行相减,得到频率较低的中频信号。中频信号进过放大、检波(解调)之后,将原始的基带信号(主持人的话音、音乐等)还原出来,再通过低频放大器推动扬声器发声。

3. 本课程涉及的高频电路

无线通信系统核心的设备就是发送和接收设备,无线通信系统传输、处理的主要信号是高频信号。本课程将讲解无线通信系统的发送和接收设备中处理高频信号的电路模块,从而掌握通信系统在发送、传输、接收等环节的信息处理过程及工作机理,为学习移动通信技术等打下基础。

本课程涉及的高频电路模块有振荡器、高频放大器、调制器、解调器等。

1.2.4　无线电的波段

波段通常是由无线电波按一定性质划分成的。无线电波一般指波长由 10 万 m 到 0.75mm 的电磁波。根据电磁波传播的特性，又分为超长波、长波、中波、短波、超短波等若干波段。根据频谱和需要，可以进行通信、广播、电视、导航和探测等，但不同波段电波的传播特性有很大差别。要注意的是，各波段之间并没有明显的分界线，各波段交界处附近的无线电波特性也没有明显差别。

目前，国内无线电广播常用的无线电波的波段是：中波广播的波段为 550～1605kHz；短波广播的波段为 2～24MHz；调频广播的波段为 88～108MHz。

无线电视广播使用的频率，包括"甚高频（VHF）段"和"特高频（UHF）段"两个频率区间。甚高频段有 12 个频道，其频率范围是：1～5 频道为 48.5～92MHz，用 VL 表示，6～12 频道为 167～223MHz，用 VH 表示。特高频段有 56 个频道，其频道范围是从 13～68 频道，相对应的频率范围是 470～958MHz。

1977 年，国际电联确定了卫星广播业务的频道分配，将全世界分为 3 个区域。1979 年，世界无线电行政大会对卫星广播的频段进行了分配，分为 Ka、Q、E、L、S、Ku 共 6 个波段。目前，正在使用的波段主要是 L、S、Ku 三个波段，其中 Ku 波段（11.7～12.2GHz）是卫星电视优先使用的。此外，国际电信联盟还规定，用于地面微波通信和卫星通信的 C 波段，也可用于卫星电视传输系统。

表 1.2.1 列出了按波长划分的无线电波段、波段名称、符号、波长范围、频率范围及其在通信领域的应用。

表 1.2.1　　　　　　　　　　　　无线电波段的划分

波段（频段）	符号	波长范围	频率范围	在通信领域的应用
超长波（甚低频）	VLF	100～10km	3～30kHz	海岸-潜艇通信、海上导航等
长波（低频）	LF	10～1km	30～300kHz	大气层内中等距离通信、地下岩层通信、海上导航等
中波（中频）	MF	1000～100m	0.3～3MHz	广播、海上导航等
短波（高频）	HF	100～10m	3～30MHz	远距离短波通信、短波广播等
超短波（甚高频）	VHF	10～1m	30～300MHz	电离层散射通信（30～60MHz）、流星余迹通信（30～100MHz）、人造电离层通信（30～144MHz）、对大气层内及外空间飞行体（飞机、导弹、卫星）的通信、电视、雷达、导航、移动通信等
分米波（特高频）	UHF	100～10cm	0.3～3GHz	对流层散射通信（700～1000MHz）、小容量（8～12 路）微波接力通信（352～420MHz）、中容量（120 路）微波接力通信（1700～2400MHz）、移动通信等
厘米波（超高频）	SHF	10～1cm	3～30GHz	大容量（2500 路、6000 路）微波接力通信（3600～4200MHz，5850～8500MHz）、数字通信、卫星通信、波导通信等
毫米波（极高频）	EHF	10～1mm	30～300GHz	大容量的卫星-地面通信或地面中继通信等
亚毫米波（超级高频）		1～0.1mm	300～3000GHz	

项　目　小　结

通信是指从发送者到接收者之间的信息传输。

电子通信时，使用电信号或光信号来传输信息，整个信息传输系统称为通信系统，采用电信号的通信系统一般称为电信系统。

基本通信系统由信源、输入变换器、发送设备、信道、接收设备、输出变换器、信宿和噪声源等组成。

通信系统的种类很多，比如按通信业务（即所传输的信息种类）的不同，可分为电话、电报、传真、数据通信系统；按照通信设备的工作频率或波长的不同，分为长波通信、中波通信、短波通信、微波通信等；按信道类型的不同，可以分为有线和无线通信系统；按基带信号类型的不同，可以分为模拟和数字通信系统。

当今主流的通信技术是无线数字通信。

无线通信是利用电磁波信号可以在自由空间中传播的特性进行信息交换的一种通信方式。无线通信中一般采用高频信号。无线通信采用高频信号的原因主要是：①信道容量大，频道间干扰少；②天线尺寸小；③发射信号功率小。

无线电波主要传播方式有：沿地面传播的地波、依靠电离层反射传播的天波和直线传播的空间波。

无线电波一般指波长由 10 万 m 到 0.75mm 的电磁波。根据电磁波传播的特性，又分为超长波、长波、中波、短波、超短波等若干波段。根据频谱和需要，可以进行通信、广播、电视、导航和探测等，但不同波段电波的传播特性有很大差别。

项　目　考　核

《通信电子线路》项目考核表

考核日期：　　　　　　　　　　　　　　　　　　　　　　　　表号：考核 1-1

班级		学号		姓名	
项目名称：了解通信与通信系统					
1. 请画出基本通信系统的组成框图。					
2. 请说明无线通信使用高频信号的原因。					

班级		学号		姓名	

项目名称：了解通信与通信系统

3. 画图说明无线电波的常见传播方式。

4. 请画出调幅广播发送和接收设备的基本结构图。

5. 假设需要无线发射一个 3kHz 的信号，请选择发射天线的尺寸。

项目2 小信号选频放大器

项目内容
- 分析三极管基本放大电路。
- 分析 LC 并联谐振回路。
- 分析小信号谐振放大器。
- 分析集中选频放大器。

知识目标
- 掌握三极管基本共射放大电路的工作机理。
- 了解电子电路的主要噪声源。
- 掌握 LC 并联回路的特性。
- 掌握小信号谐振放大器的特性。
- 了解常见的集中选频器件及其应用。

能力目标
- 能分析电子电路的功能及每个元件的作用。
- 能计算基本共射放大电路的静态、动态参数。
- 能计算 LC 并联谐振回路的主要参数。
- 能进行阻抗变换的分析计算。
- 能计算小信号谐振放大器的主要参数。

任务2.1 分析三极管基本放大电路

任务描述
　　基本放大电路的分析、计算是电子线路学习的基本技能。本任务内容是在模拟电子技术中学习的，在本课程属于温故知新，以此作为学习通信（高频）电子线路的起点。

　　本任务将使用基本共射放大电路，分析电路中每个元件的功能，从而掌握电路的工作原理，并计算电路的静态工作点，以及电压放大倍数、输入电阻、输出电阻等交流参数，同时了解放大器的主要噪声源。

任务目标
- 掌握共射放大电路的组成。
- 掌握共射放大电路的各元件作用。
- 掌握共射放大电路的直流、交流参数计算。
- 了解放大器的常见噪声。

2.1.1　三极管基本放大电路组成

根据输入回路与输出回路共用三极管引脚的不同，三极管基本放大电路可以分为三种形式：共射放大电路、共集放大电路和共基放大电路。一般三极管放大电路的分析都是以共射电路为基础。

常见的基本共射放大电路如图 2.1.1 所示，输入回路和输出回路共用发射极（e 极）。假设三极管电流放大倍数为 100，直流电源 V_{cc} 为 12V，R_b 阻值为 300kΩ，R_c 阻值为 2kΩ。

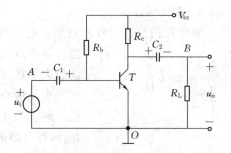

图 2.1.1　基本三极管共射放大电路

2.1.2　基本三极管放大电路分析

基本三极管放大电路的元件很少，在实际使用中可能还会做一些扩展来提高电路稳定性，比如基极上下偏置电阻、发射极反馈电阻等。下面对电路的各个元件的作用进行分析。

电源 V_{cc} 为放大电路的工作提供能源。根据能量守恒定律，信号放大后增加的功率实际上是电源提供的，从这个角度来看，放大电路实际上是一个能量转换（电源的直流转输出信号的交流）电路。

电容 C_1、C_2 称为耦合电容，电容的特性是通交流隔直流，放大电路的输入信号属于交流信号，可以通过 C_1 进入到三极管进行放大，放大后的交流信号通过 C_2 输出到下一级电路。同时，由于 C_1 和 C_2 隔离直流的作用，使得三极管的静态工作点（直流参数）不受前后级电路的影响。

电阻 R_b 为三极管基极（b 极）提供直流偏置电压，以产生适当的基极电流 I_b，使三极管工作于放大区，从而实现对输入信号的放大。调整 R_b 的阻值，就是改变三极管的基极电流 I_b，从而改变三极管的静态工作点。如果基极上下都有偏置电阻，将构成固定偏置，三极管的静态工作点会更稳定。

电阻 R_c 有三个作用。一个作用是给集电极设置适当的直流偏置电压，以使三极管的静态工作点在放大区的合适位置，远离截止区和饱和区，这涉及放大器的动态工作范围。另一个作用是把集电极电流的变化（即交流电流 i_c）转换成电压的变化（可以看成对输入信号的放大），然后通过 C_2 输出到下一级电路。R_c 还有限制集电极电流的作用，避免电流过大导致三极管损坏。

三极管作为电路的核心元件，它的本职工作就是电流放大作用，用输入信号在基极上产生的微弱电流控制产生放大 β 倍的集电极电流，再通过集电极电阻转换成电压输出，从而实现电压放大作用。

2.1.3　基本三极管放大电路计算

电路的分析一般是把电路简化（等效）成直流通路从而计算静态直流参数，把电路简化成交流通路则可以计算动态交流参数。

简化（等效）电路的要点有两个：①电容的"隔直通交"，即在直流状态下，电容可以看成是开路，在交流状态下，电容可以看成是短路；②电感的"通直阻交"，即在直流状态下，电感可以理想化为短路，在交流状态下，电感是感抗元件。

要注意的是对于高频电路来说，电容不能看成短路，这时，电容和电感呈现的是与频率相关的容抗和感抗。

1. 直流通路

将电路的交流信号源短路、电容开路，所得的电路就是直流通路，也称直流等效电

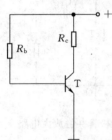

图 2.1.2 共射放大器
的直流通路

路。基本放大电路的直流通路如图 2.1.2 所示，假设三极管的电流放大倍数 β 为 100。

直流通路的主要是用来计算电路的静态工作点，常称为 Q 点。静态工作点的参数主要有三个：基极电流 I_{BQ}、集电极电流 I_{CQ} 和集电结电压 U_{CEQ}。

$$I_{BQ} = \frac{V_{cc} - V_{BE}}{R_b} = \frac{12 - 0.7}{300 \times 10^3} \approx 0.038(\text{mA})$$

硅晶体管 $V_{BE} = 0.7\text{V}$，锗晶体管 $V_{BE} = 0.3\text{V}$。没有特别说明时，一般使用 $V_{BE} = 0.7\text{V}$ 计算。

$$I_{CQ} = \beta \times I_{BQ} = 100 \times 0.038 = 3.8(\text{mA})$$

$$U_{CEQ} = V_{cc} - I_{CQ} \times R_c = 12 - 3.8 \times 10^{-3} \times 2 \times 10^3 = 4.4(\text{V})$$

2. 交流通路

将电路的直流电源对地短路、电容短路，所得的电路就是交流通路，也称交流等效电路。基本放大电路的交流通路如图 2.1.3 所示。

交流通路用来计算放大电路的动态参数，动态参数可以衡量放大电路的性能，动态参数主要有：电压放大倍数 A_u、输入电阻 R_i 和输出电阻 R_o。

要分析计算放大电路的动态参数还必须对三极管进行微变等效。基本共射放大电路的三极管微变等效电路如图 2.1.4 所示。

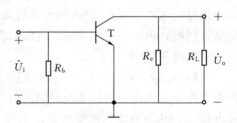

图 2.1.3 共射放大器的交流通路

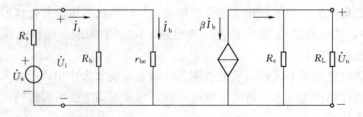

图 2.1.4 基本共射放大电路的三极管微变等效电路

三极管的输入电压和输入电流的关系由输入特性曲线表示。如果输入信号很小，就可以把静态工作点附近的曲线当作直线，即近似地认为输入信号电流正比于输入电压，这样就可以用一个等效电阻来代表输入电压和电流的关系，即

$$r_{be} = \frac{\Delta u_{be}}{\Delta i_b} \qquad (2.1.1)$$

r_{be} 称为三极管的输入电阻，它的大小与静态工作点有关，通常在几百欧至几千欧之间。对于低频小功率三极管，常用式（2.1.2）估算，式中 r_{bb} 常取 $100 \sim 300\Omega$，I_{EQ} 是发射极静态电流

$$r_{be} = r_{bb} + \frac{(1+\beta) \times 26\,\mathrm{mV}}{I_{EQ}(\mathrm{mV})} = 300 + \frac{(1+\beta) \times 26\,\mathrm{mV}}{I_{EQ}(\mathrm{mV})} \qquad (2.1.2)$$

在输出端，三极管工作在放大区内，输出特性曲线可近似看成是一组与横轴平行的直线。集电极电流与 U_{CE} 无关，而只受基极电流控制。因此三极管的输出电路可用受控电流源（不是独立的电流源）来等效表示。

通过微变等效电路，很容易可以算出电压放大倍数 A_u、输入电阻 R_i 和输出电阻 R_o。

$$A_u = \frac{\dot{U}_o}{\dot{U}_i} = \frac{-i_c(R_c // R_L)}{i_b r_{be}} = -\frac{\beta R'_L}{r_{be}} \qquad (2.1.3)$$

$$R_i = R_b // r_{be} = \frac{R_b r_{be}}{R_b + r_{be}} \qquad (2.1.4)$$

$$R_o \approx R_c \qquad (2.1.5)$$

2.1.4 放大器的信噪比

放大器在工作过程中，电阻等耗能元件会由于自由电子的随机热运动而产生热噪声电压，其频谱与光学中白色光谱类似，它的各个频率分量的强度是相等的，这种具有均匀连续频谱的噪声称为白噪声。

放大器工作时，晶体管等电子元件也会产生热噪声、散粒噪声、分配噪声和闪烁噪声等内部噪声。

放大器的内部噪声不可避免。当输入的有用信号比放大器内部噪声大很多时，噪声的对有用信号的影响可以忽略不计。当输入的有用信号很微弱时，内部噪声叠加在有用输出信号上，可能会形成很强的背景噪声，甚至完全盖过有用信号。

衡量放大器性能的重要参数之一是信噪比，信噪比越高，噪声的影响就越小。信噪比是电路同一端口（输入端或输出端）的信号功率 P_s 与噪声功率 P_n 之比，用 $\frac{S}{N}$ 表示

$$\frac{S}{N} = \frac{P_s}{P_n} \qquad (2.1.6)$$

用分贝表示

$$\frac{S}{N} = 10\lg \frac{P_s}{P_n} \quad (\mathrm{dB}) \qquad (2.1.7)$$

任务 2.2 分析 *LC* 并联谐振回路

任务描述

LC 回路可以说是高频通信电子线路的基础电路，本任务将分析 *LC* 并联回路的特性，计算 *LC* 并联回路的主要参数，从而理解谐振回路在高频通信电子线路中的功能及应用。

任务目标

- 掌握 LC 并联谐振回路参数计算。
- 理解 LC 并联谐振回路的特性。
- 掌握阻抗变换的方法和参数计算。

2.2.1 LC 并联回路简介

谐振回路由电感线圈和电容器组成，具有选择信号和阻抗变换作用。多个谐振回路连接起来，还可以构成带通滤波器。

谐振回路在高频电子线路中非常地重要，在各种无线电通信设备的许多功能模块中都有谐振回路。比如收音机的选台，就是利用接收天线线圈和选台电容的谐振作用，通过调整选台电容器的电容值，从而改变谐振回路的谐振频率，从而达到选择广播电台信号的目的。

最简单谐振回路只有一个电感和一个电容，电感与电容的连接方式有串联、并联两种，称为 LC 串联谐振回路和 LC 并联谐振回路。在电路中，LC 并联谐振回路应用最广泛。

2.2.2 LC 并联回路特性分析

2.2.2.1 阻抗频率特性

由电感与电容并联构成的 LC 并联谐振回路如图 2.2.1 所示。因为电感线圈 L' 有一定的损耗电阻，因此在分析时可以用理想电感 L 与损耗电阻 r 串联表示。而电容器的工作损耗很小，一般可以忽略其损耗电阻。因此，LC 并联谐振回路的等效电路如图 2.2.2 所示。

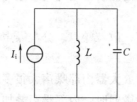　　　　　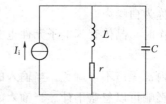

图 2.2.1　LC 并联谐振回路　　　　图 2.2.2　LC 并联谐振回路等效电路

LC 并联谐振回路的等效阻抗为

$$Z=\frac{1}{j\omega C}//(r+j\omega L)=\frac{\frac{1}{j\omega C}(r+j\omega L)}{\frac{1}{j\omega C}+r+j\omega L} \tag{2.2.1}$$

由于在实际应用中，电感的损耗电阻 r 远远小于 ωL，因此式（2.2.1）可以近似为

$$Z\approx\frac{\frac{L}{C}}{r+j\left(\omega L-\frac{1}{\omega C}\right)} \tag{2.2.2}$$

当 $\omega L=\frac{1}{\omega C}$ 时，LC 并联回路产生谐振，谐振时回路的等效阻抗为纯电阻，并且等效阻抗为最大值。从式（2.2.2）也可以得出该结论。把 LC 并联谐振回路谐振时的等效阻抗用 R_p 表示，式（2.2.2）可以写成

$$Z = R_\mathrm{p} = \frac{L}{Cr} \tag{2.2.3}$$

由 $\omega L = \dfrac{1}{\omega C}$ 得 *LC* 并联谐振回路的谐振频率为

$$\omega_0 = \frac{1}{\sqrt{LC}} \tag{2.2.4}$$

因为 $\bar{\omega} = 2\pi f$，所以式（2.2.4）又可以写成

$$f_0 = \frac{1}{2\pi \sqrt{LC}} \tag{2.2.5}$$

在电学和磁学中，常用品质因数 *Q* 来评价一个储能器件（如电感线圈、电容等）、谐振回路中所储能量同每周期损耗能量之比，即元件或回路损耗的大小。*Q* 值愈大，元件或回路的损耗就越小，用该元件组成的电路或谐振回路的频率选择性（称为选频特性）越佳。

在 *LC* 谐振回路的品质因数 *Q* 定义为回路谐振时的特性阻抗（感抗或容抗）与回路等效损耗电阻 *r* 之比，即

$$Q = \frac{\omega_0 L}{r} = \frac{\frac{1}{\omega_0 C}}{r} \tag{2.2.6}$$

把式（2.2.4）代入式（2.2.6），得

$$Q = \sqrt{\frac{L}{C}} \Big/ r \tag{2.2.7}$$

将式（2.2.3）变形后代入式（2.2.7），得

$$R_\mathrm{p} = \frac{L/C}{r} = \frac{\sqrt{L/C}}{r} \times \sqrt{L/C} = Q \sqrt{L/C} \tag{2.2.8}$$

式（2.2.2）又可以写成

$$Z \approx \frac{\dfrac{L}{C}}{r + \mathrm{j}\left(\omega L - \dfrac{1}{\omega C}\right)} = \frac{\dfrac{L}{C} \Big/ r}{\left[r + \mathrm{j}\left(\omega L - \dfrac{1}{\omega C}\right)\right] \Big/ r} \tag{2.2.9}$$

将式（2.2.9）代入式（2.2.3），得

$$Z = \frac{R_\mathrm{p}}{1 + \mathrm{j}\left[\left(\omega L - \dfrac{1}{\omega C}\right) \Big/ r\right]} \tag{2.2.10}$$

将式（2.2.10）变形后代入式（2.2.4），得

$$Z = \frac{R_\mathrm{p}}{1 + \mathrm{j}\left[\left(\omega L - \dfrac{L}{\omega LC}\right) \Big/ r\right]} = \frac{R_\mathrm{p}}{1 + \mathrm{j}\dfrac{L}{r}\left[\omega - \dfrac{1}{\omega}\left(\dfrac{1}{\sqrt{LC}}\right)^2\right]}$$

$$= \frac{R_\mathrm{p}}{1 + \mathrm{j}\dfrac{L}{r}\left(\omega - \dfrac{\omega_0^2}{\omega}\right)} = \frac{R_\mathrm{p}}{1 + \mathrm{j}\dfrac{\omega_0 L}{r}\left(\dfrac{\omega}{\omega_0} - \dfrac{\omega_0}{\omega}\right)}$$

$$= \frac{R_\mathrm{p}}{1 + \mathrm{j}Q\left(\dfrac{\omega}{\omega_0} - \dfrac{\omega_0}{\omega}\right)} \tag{2.2.11}$$

谐振回路分析主要是研究谐振频率 ω_0 附近的频率特性。谐振回路的工作频率 ω 一般非常接近 ω_0，所以可以近似认为 $\omega + \omega_0 \approx 2\omega_0$，$\omega\omega_0 \approx \omega_0^2$，令 $\omega - \omega_0 = \Delta\omega$，式（2.2.11）可以写成

$$Z \approx \frac{R_p}{1 + jQ\left(\dfrac{\omega^2 - \omega_0^2}{\omega\omega_0}\right)} = \frac{R_p}{1 + jQ\dfrac{(\omega + \omega_0)(\omega - \omega_0)}{\omega\omega_0}}$$

$$= \frac{R_p}{1 + jQ\left(\dfrac{2\omega_0\Delta\omega}{\omega_0^2}\right)} = \frac{R_p}{1 + jQ\dfrac{2\Delta\omega}{\omega_0}} \tag{2.2.12}$$

由式（2.2.12）可得 LC 并联谐振回路阻抗的幅频特性和相频特性表达式，即

$$|Z| = \frac{R_p}{\sqrt{1 + \left(Q\dfrac{2\Delta\omega}{\omega_0}\right)^2}} \tag{2.2.13}$$

$$\varphi = -\arctan\left(Q\frac{2\Delta\omega}{\omega_0}\right) \tag{2.2.14}$$

由式（2.2.13）和式（2.2.14）可知：

（1）当 $\omega = \omega_0$（$\Delta\omega = 0$），即谐振时，回路阻抗为最大且为纯阻抗，相移 $\varphi = 0$。

（2）当 $\omega \neq \omega_0$（即不谐振）时，LC 并联回路阻抗下降，相移值增大。

（3）当 $\omega > \omega_0$ 时，回路呈电容特性，相移 φ 为负值，且最大负值趋近于 $-90°$。

（4）当 $\omega < \omega_0$ 时，回路呈电感特性，相移 φ 为正值，且最大值趋近于 $90°$。

取不同的 Q 值，可以得出不同的阻抗幅频特性和相频特性曲线如图 2.2.3 所示。Q 值越大，R_p 就越大，幅频特性曲线就越尖锐，即选频特性越好。同时，Q 值越大，相移特性曲线在谐振频率附近变化就越陡峭。

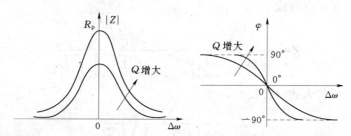

图 2.2.3 LC 并联谐振回路的阻抗幅频特性和相频特性曲线

2.2.2.2 通频带和选择性

1. 通频带

当有一定频率带宽的通频带在并联回路中传输时，由于并联回路的幅频特性，信号的输出电压会不可避免地产生频率失真。为了限制谐振回路频率失真的大小，需要确定谐振回路的通频带参数。

假设 LC 并联谐振回路的信号源为恒流源 $\dot{I}_s$，则并联回路的输出电压为

$$\dot{U}_o = \frac{\dot{I}_s R_p}{1 + jQ\dfrac{2\Delta\omega}{\omega_0}} = \frac{\dot{U}_p}{1 + jQ\dfrac{2\Delta f}{f_0}} \tag{2.2.15}$$

式（2.2.15）两边除以 $\dot{U}_{\mathrm{p}}$，并取模得并联回路输出电压的幅频特性表达式为

$$\left|\frac{\dot{U}_{\mathrm{o}}}{\dot{U}_{\mathrm{p}}}\right|=\frac{1}{\sqrt{1+\left(Q\,\dfrac{2\Delta f}{f_0}\right)^2}} \tag{2.2.16}$$

并联回路输出电压的相频特性表达式为

$$\varphi=-\arctan\left(Q\,\frac{2\Delta f}{f_0}\right) \tag{2.2.17}$$

当回路谐振时，$|\dot{U}_{\mathrm{o}}/\dot{U}_{\mathrm{p}}|$ 的值为最大值 1。一般，当 $|\dot{U}_{\mathrm{o}}/\dot{U}_{\mathrm{p}}|$ 的值由最大值 1 下降到 0.707（即 $1/\sqrt{2}$）时，所确定的 $2\Delta f$ 频带宽度为回路的通频带，记作 $BW_{0.7}$，即

$$\left|\frac{\dot{U}_{\mathrm{o}}}{\dot{U}_{\mathrm{p}}}\right|=\frac{1}{\sqrt{1+\left(Q\,\dfrac{2\Delta f}{f_0}\right)^2}}=\frac{1}{\sqrt{2}} \tag{2.2.18}$$

由式（2.2.18）得

$$\left(Q\,\frac{2\Delta f}{f_0}\right)^2=1 \tag{2.2.19}$$

由式（2.2.19）得

$$BW_{0.7}=2\Delta f=\frac{f_0}{Q} \tag{2.2.20}$$

由式（2.2.20）可知，回路的 Q 值越高，幅频特性曲线越尖锐，通频带越窄；回路谐振频率越高，通频带越宽。

2. 选择性

谐振回路的频率选择性是指回路从含有各种不同频率的信号总和（比如，天线接收到的信号）中，选出有用信号、排除干扰信号的能力。

由于谐振回路具有谐振特性（前面分析证明：具有谐振频率的信号通过回路时，其输出电压最大），所以它具有选择有用信号的能力。回路的谐振曲线越尖锐，对无用信号的抑制作用越强，选择性就越好。在实际应用中，一般把谐振回路的谐振频率调谐在所需信号的中心频率上。

选择性可以用通频带以外无用信号的输出电压 $|\dot{U}_{\mathrm{o}}|$ 与谐振时的输出电压 $|\dot{U}_{\mathrm{p}}|$ 之比来表示，记作，$|\dot{U}_{\mathrm{o}}/\dot{U}_{\mathrm{p}}|$。$|\dot{U}_{\mathrm{o}}/\dot{U}_{\mathrm{p}}|$ 越小，说明谐振回路抑制无用信号的能力越强，选择性越好。

在实际中，选择性常用谐振回路的输出信号 $|\dot{U}_{\mathrm{o}}|$ 下降到谐振输出电压 $|\dot{U}_{\mathrm{p}}|$ 的 0.1 倍，即下降 20dB 的频带 $BW_{0.1}$ 来表示。$BW_{0.1}$ 值越小，回路的选择性越好。

在应用时，一般要求谐振回路具有较高的选择性，又有较低的频率失真（即通频带要满足信号带宽要求），因此要求谐振回路的幅频特性应具有矩形形状，这时，在通频带内信号的各频率分量具有相同的输出幅度，而在通频带以外的无用信号输出为零。当然这是谐振回路的理想特性，任何实际的谐振回路都满足不了这个理想特性。

为此，引入"矩形系数"来表示幅频特性曲线接近矩形的程度，用 $K_{0.1}$ 表示，具体定

义为

$$K_{0.1} = \frac{BW_{0.1}}{BW_{0.7}} \qquad (2.2.21)$$

矩形系数 $K_{0.1}$ 越接近 1，则谐振回路幅频特性曲线就越接近矩形，回路的选择性就越好。

令 $\left|\dfrac{\dot{U}_o}{\dot{U}_p}\right| = 0.1$，由式（2.2.18）可求 $BW_{0.1}$ 的值

$$\left|\frac{\dot{U}_o}{\dot{U}_p}\right| = \frac{1}{\sqrt{1 + \left(Q\dfrac{2\Delta f}{f_0}\right)^2}} = 0.1 = \frac{1}{10} \qquad (2.2.22)$$

由式（2.2.22）得

$$Q\frac{2\Delta f}{f_0} \approx 10 \qquad (2.2.23)$$

即

$$BW_{0.1} = 2\Delta f \approx \frac{10 f_0}{Q} \qquad (2.2.24)$$

把式（2.2.20）和式（2.2.24）代入式（2.2.21），得

$$K_{0.1} = \frac{BW_{0.1}}{BW_{0.7}} = \frac{\dfrac{10 f_0}{Q}}{\dfrac{f_0}{Q}} = 10 \qquad (2.2.25)$$

式（2.2.25）说明，单个并联谐振回路的矩形系数远大于 1，因此单个谐振回路的选择性较差。如要减小矩形系数，可以采用两个或多个谐振回路串联、并联，构成选择性较好地带通滤波器，也可以选用选择性较好地滤波元件，如石英晶体滤波器、陶瓷滤波器或声表面滤波器等。

2.2.3 信号源及负载对谐振回路的影响

在实际电路中，谐振回路前面会连接有信号源，后面会连接负载，信号源的输出阻抗和负载阻抗均会对谐振回路产生影响，比如会降低路的等效品质因数 Q，选择性变差，甚至还会使谐振回路的谐振频率产生偏移。因此，在设计谐振回路时，需要把信号源和负载的因素考虑进去。

连接上信号源和负载之后的并联谐振回路的电路如图 2.2.4（a）所示，图中，R_s 为信号源内阻，R_L 为负载阻抗，LC 构成电感电容并联型谐振回路，r 为电感的损耗电阻。

为了方便分析，用 LC 并联谐振回路的谐振阻抗 R_p 对回路进行串并联等效转换，如图 2.2.4（b）所示，根据前面的分析得

$$R_p = \frac{L}{Cr} \qquad (2.2.26)$$

将图 2.2.4（b）中的并联电阻合并为 R_e 得图 2.2.4（c），这时

$$R_e = R_s // R_p // R_L \qquad (2.2.27)$$

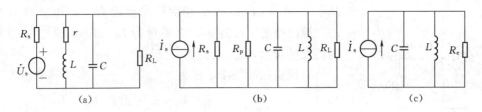

图 2.2.4　连接信号源和负载的并联谐振回路电路

实际上，R_e 是考虑信号源内阻 R_s、负载 R_L 影响后的并联谐振回路的等效谐振电阻，也称有载谐振电阻。通过 R_e 求得的等效谐振回路品质因数，称为有载品质因数，用 Q_e 表示。为了区别，把不考虑信号源和负责影响的谐振回路品质因数称为空载品质因数，或称为固有品质因数，依然用 Q 表示。

由式（2.2.8）得有载品质因数 Q_e

$$Q_e = R_e \bigg/ \sqrt{\frac{L}{C}} = R_e \sqrt{\frac{C}{L}} \qquad (2.2.28)$$

由于 $R_e < R_p$，所以有载品质因数 Q_e 小于空载品质因素 Q，并且 R_s、R_L 越小，R_e 也越小，Q_e 就越小，回路的选择性就越差，但通频带变宽了。

2.2.4　常用阻抗变换电路分析与计算

为了减少信号源及负载对谐振回路的影响，除了加大 R_s、R_L 外，还可以采用阻抗变换电路。常用的阻抗变换电路有变压器、电感和电容分压电路等。

1. 变压器阻抗变换电路

变压器阻抗变换的典型电路如图 2.2.5 所示。

假设变压器为无损耗的理想变压器，一次绕组匝数为 n_1，二次绕组匝数为 n_2，变压器的匝数比 n 为

$$n = \frac{n_1}{n_2} = \frac{\dot{U}_1}{\dot{U}_2} = \frac{\dot{I}_1}{\dot{I}_2} \qquad (2.2.29)$$

根据欧姆定律有

$$R'_L = \frac{\dot{U}_1}{\dot{I}_1} \qquad (2.2.30)$$

图 2.2.5　变压器
阻抗变换电路

把式（2.2.29）代入式（2.2.30）得

$$R'_L = \frac{\dot{U}_1}{\dot{I}_1} = \frac{n\dot{U}_2}{\dfrac{\dot{I}_2}{n}} = n^2 \frac{\dot{U}_2}{\dot{I}_2} = n^2 R_L \qquad (2.2.31)$$

由式（2.2.31）可知，二次侧的负载电阻 R_L 折算到一次侧时，阻值放大了 n^2 倍。即负载负载电阻 R_L 经过变压器的阻抗变换作用，变成 n^2 倍阻值的 R'_L。

上述阻抗变换电路的变压器还可以采用自耦变压器，也称为电感分压式阻抗变换电路，如图 2.2.6 所示。

假设自耦变压器为无损耗理想变压器，信号从 1-3 端输入，2-3 端为输出端接负载

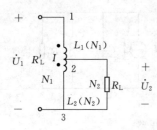

图 2.2.6 电感分压式阻抗
变换电路

R_L，且 $R_L \gg \omega L_2$；1-2 端的绕组匝数为 n_1，电感量为 L_1；2-3 端的绕组匝数为 n_2，电感量为 L_2；1-2 端与 2-3 端之间的互感量为 M。

自耦变压器的匝数比为

$$n = \frac{n_1 + n_2}{n_2} = \frac{L_1 + L_2 + 2M}{L_2 + M} = \frac{\dot{U}_1}{\dot{U}_2} = \frac{\dot{I}_1}{\dot{I}_2} \qquad (2.2.32)$$

与变压器阻抗变换电路一样，负载电阻 R_L 折算到一次绕组侧两端的等效电阻 R_L' 为

$$R_L' = \frac{\dot{U}_1}{\dot{I}_1} = \frac{n\dot{U}_2}{\frac{\dot{I}_2}{n}} = n^2 \frac{\dot{U}_2}{\dot{I}_2} = n^2 R_L \qquad (2.2.33)$$

通过以上分析可知，电感分压式（自耦变压器）阻抗变换电路与普通变压器阻抗变换电路的阻抗变换效果是一样的。

2. 电容分压式阻抗变换电路

电容分压式阻抗变换电路如图 2.2.7 所示，其中 C_1、C_2 为分压电容器，同样 R_L 为负载电阻，R_L' 是 R_L 变换到输入端的等效电阻。

假设 C_1、C_2 是理想无损耗电容，那么根据能量守恒定律，在 R_L 和 R_L' 上消耗的功率相等，即

$$\frac{U_2^2}{R_L} = \frac{U_1^2}{R_L'} \qquad (2.2.34)$$

由式 (2.2.34) 得

$$R_L' = (U_1 / U_2)^2 R_L = n^2 R_L \qquad (2.2.35)$$

式 (2.2.35) 中，$n = U_1 / U_2$。当 $R_L \gg \dfrac{1}{\omega C_2}$ 时，根据分压原理可得

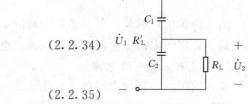

图 2.2.7 电容分压式
阻抗变换电路

$$U_2 \approx \frac{U_1}{1 / \left(\omega \dfrac{C_1 C_2}{C_1 + C_2} \right)} \frac{1}{\omega C_2} = \frac{C_1}{C_1 + C_2} U_1 \qquad (2.2.36)$$

由式 (2.2.36) 得

$$n = \frac{U_1}{U_2} = \frac{C_1 + C_2}{C_1} \qquad (2.2.37)$$

任务 2.3 分析小信号谐振放大器

任务描述

小信号谐振放大器是无线通信系统中实现信号接收的重要电路，它担负从微弱的、大量的无线信号中，选择有用信号并正确接收下来供后续电路处理的重任。本任务将分析小信号谐振放大器的电路组成，计算放大器的主要参数，同时对放大器的稳定性以及提高增益进行分析。

任务目标

- 掌握单谐振回路谐振放大器的电路组成及分析计算。
- 了解影响谐振放大器稳定性的因素及提高稳定性的措施。
- 理解多级谐振放大器的工作原理。

2.3.1　单谐振回路谐振放大器电路

小信号谐振放大器一般属于电压放大器，目的是把微弱的、高频的信号放大到合适下一级处理的电压。谐振放大器一般由放大电路和 LC 谐振回路组成。放大电路完成电压放大，可以采用单管放大、双管组合放大或集成放大电路等。LC 谐振回路主要起选频的作用，可以是单谐振回路或双耦合谐振回路等。

1. 电路组成

单谐振回路谐振放大器简称为单调谐放大器，其典型电路如图 2.3.1 所示。

电路中，输入信号通过接在晶体管基极上的输入变压器耦合到晶体管；晶体管构成共射放大器，实现放大器的放大功能；放大信号通过接在晶体管集电极上的输出变压器输出到负载 R_L；输出变压器的 1-3 端电感 L 和电容 C 一起构成 LC 谐振回路，起选频作用，从而实现单调谐放大器的选频放大功能。

对于 LC 谐振回路来说，晶体管集电极的放大输出信号是 LC 回路的信号源，通过输出

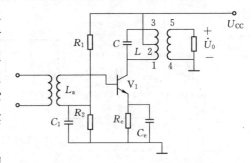

图 2.3.1　单谐振回路谐振放大器

变压器的一次级线圈抽头，以电感分压式接入 LC 谐振回路，从而实现输入阻抗的变换，尽量避免信号源内阻（晶体管放大器的输出电阻）对 LC 谐振回路品质因数的影响。

同样，LC 谐振回路的负载 R_L，是通过输出变压器以变压器阻抗变换的形式接入到回路，目的也是减少负载 R_L 对谐振回路品质因数的影响。

C_b 和 C_e 是交流旁路电容，目的是避免基极偏置电阻 R_{b1} 和 R_{b2}、发射极直流反馈电阻 R_e 对交流信号的影响。

2. 直流通路分析

应用放大电路直流分析的基本方法，将单调谐放大器电路的交流信号源短路、电感（变压器线圈）短路、电容开路；以及因为变压器直流隔离作用，只保留晶体管侧电路，去掉变压器另一侧电路，从而得到单调谐放大器的直流通路。

直流通路中，R_{b1} 和 R_{b2} 两个基极电阻构成固定分压式基极偏置电路，其阻值的选取主要是保证晶体管工作在甲类放大状态（即晶体管一直保持导通状态，工作在线性放大区，其信号失真很小）。

小信号放大器的主要功能是电压放大，其功率很小而不必考虑电路的功耗效率，为了避免信号失真往往采用甲类放大。

晶体管射极电阻 R_e 属于直流反馈电阻，起到稳定晶体管静态工作点的作用。

3. 交流通路分析与计算

应用放大电路交流分析的基本方法，将单调谐放大器电路的直流电源对地短路、电容短路，从而得到单调谐放大器的交流通路，如图 2.3.2（a）所示。

交流分析时，一般使用微变等效电路，微变等效电路也称为小信号电路模型。把晶体管进行微变等效之后，得到单调谐放大器的微变等效电路如图 2.3.2（b）所示。

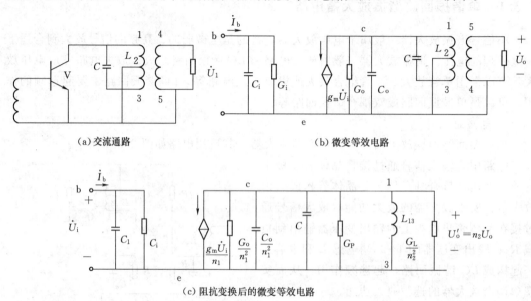

(a) 交流通路　　　　　　　　　　　(b) 微变等效电路

(c) 阻抗变换后的微变等效电路

图 2.3.2　单谐振回路谐振放大器的等效电路

图 2.3.2（b）中，C_i 是晶体管的输入电容，G_i 是晶体管的输入电导，g_m 为晶体管的跨导，$g_m \approx I_{EQ}$（mA）/26mV，C_o、G_o 是晶体管的输出电容和输出电导。

假设输出变压器的一次绕组 1-2 端之间的匝数为 n_{12}，1-3 之间的匝数为 n_{13}，二次绕组的匝数为 n_{45}。由图 2.3.2（b）可知，自耦变压器的匝数比 $n_1 = n_{13}/n_{12}$，一次绕组与二次绕组之间的匝数比 $n_2 = n_{13}/n_{45}$。

因此，对于 LC 谐振回路来说，可以将回路输入侧的 $g_m \dot{U}_i$、C_o、G_o 折算到回路的 1-3 端，将负载 R_L 也折算到谐振回路的 1-3 端，从而得到阻抗变换后的微变等效电路，如图 2.3.2（c）所示。

图 2.3.2（c）中，G_p 为回路谐振时的空载电导，其值为回路谐振电阻的倒数，即 $G_P = \frac{1}{R_P}$。G_L 为负载电导，其值为负载的倒数，即 $G_L = \frac{1}{R_L}$。

由图 2.3.2（c）可得 LC 并联谐振回路的有载电导为

$$G_e = G_p + \frac{G_o}{n_1^2} + \frac{G_L}{n_2^2} \tag{2.3.1}$$

当 LC 并联谐振回路调谐在输入信号频率上，回路产生谐振时，放大器输出电压最大，此时电压增益也为最大。由图 2.3.2（c）可得谐振电压增益为

$$\dot{A}_{u0} = \frac{\dot{U}_o}{\dot{U}_i} = \frac{-g_m}{n_1 n_2 G_e} \tag{2.3.2}$$

当输入信号频率不等于谐振回路的谐振频率 f_0 时，称为回路失谐，此时输出电压下降，电压增益也必然下降。一般，对于晶体管来说，在谐振频率 f_0 附近很窄的频率范围内，随着频率变化，它的放大特性变化不大。因此，单调谐放大器的增益频率特性取决于 LC 并联谐振回路的频率特性。

当信号输入电压一定时

$$\left|\frac{\dot{A}_u}{\dot{A}_{u0}}\right| = \left|\frac{\dot{U}_o}{\dot{U}_i}\bigg/\frac{\dot{U}_p}{\dot{U}_i}\right| = \left|\frac{\dot{U}_o}{\dot{U}_p}\right| \tag{2.3.3}$$

代入式（2.2.16）LC 并联谐振回路输出电压的幅频特性表达式，得放大器的增益频率特性为

$$\left|\frac{\dot{A}_u}{\dot{A}_{u0}}\right| = \frac{1}{\sqrt{1+\left(Q_e\dfrac{2\Delta f}{f_0}\right)^2}} \tag{2.3.4}$$

式（2.3.4）中，Q_e 是考虑负载和晶体管参数影响后的 LC 并联谐振回路有载品质因数，$\Delta f = f - f_0$ 为输入信号频率与回路谐振频率的差值，是回路的绝对失调量。

从式（2.3.4）可以看出，单调谐放大器的选择性、通频带和矩形系数与单谐振回路相同，即 $BW_{0.7} = f_0/Q_e$，$K_{0.1} = 10$，因此单调谐放大器的选择性比较差。

2.3.2 单谐振放大器稳定性分析

晶体管的 PN 结从宏观结构上可以简单地看成是两块半导体黏合在一起，就相当于电容的两个极，因此 PN 结必然存在结电容。在常见的低频电路中，结电容对电路特性的影响可以忽略不计。但在高频电路中，晶体管集电极与基极之间的结电容 C_{bc} 的影响很大，它在集电极输出回路与基极输入回路之间形成交流反馈通路（称为内反馈）。再加上谐振放大器中，LC 谐振回路阻抗的大小及性质随频率变化较大，使得内反馈也随频率剧烈变化，结果导致谐振放大器工作不稳地。

通常，内反馈会使谐振放大器的增益频率特性曲线变形，使放大器增益、通频带和选择性发生变化。严重时，内反馈使放大器在某个频率下形成自激震荡，放大器无法正常工作。

谐振放大器的工作频率越高，LC 谐振回路的有载品质因数越高（谐振增益也越高），放大器的工作就越不稳定。

为了减少内反馈的影响，提高谐振放大器的工作稳定性，常采用共射—共基复合电路构成谐振放大器，具体电路的交流通路如图 2.3.3 所示。

共射—共基复合电路采用两个晶体管，晶体管 T_1 接成共射放大电路，主要实现电压放大作用；晶体管 T_2 接成共基放大电路，主要目的是减少内反馈的影响。由于共基放大电路的输入阻抗很小，因此放大器输出回路通过晶体管结电容形成的内反馈对输入端影响很小，从而大大提高放大器的工作稳

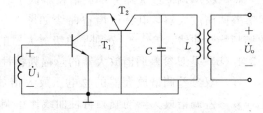

图 2.3.3 共射—共基复合电路谐振放大器

定性。

采用分立元件时，随着晶体管数量的增多，由于各级放大电路之间的互相影响，电路的调试会变得越来越困难。因此，共射-共基复合电路一般应用在集成电路中，高频放大集成电路 MC1590 就是适用于小信号谐振放大器的典型器件。MC1590 的输入级采用共射-共基复合的差分电路，输出级采用复合差分电路，因此内反馈很小，具有工作频率高、不易自激等优点。

2.3.3　多级单谐振回路谐振放大器

在放大电路设计中，如果单级放大电路的增益不能满足要求，就会采用两级或多级放大电路级联的办法提高放大总增益。在谐振放大电路设计中，也会采用这种级联的方法。不过，由于谐振放大器与信号频率密切相关，因此在多级谐振放大电路中，有与普通放大电路设计不同的要求。

如果级联的多级谐振放大器都工作在同一频率，称为同步调谐；如果每一级谐振放大器都调谐在不同频率，称为参差调谐。

1. 同步调谐放大器

假设同步调谐放大器是由 n 级单调谐放大器级联而成，并且都调谐在同一频率，每级放大器的电压放大倍数分别为 $\dot{A}_{u1}$、$\dot{A}_{u2}$、$\cdots$、$\dot{A}_{un}$，则总得电压放大倍数 $\dot{A}_{u\Sigma}$ 为

$$\dot{A}_{u\Sigma} = \dot{A}_{u1}\dot{A}_{u2}\cdots\dot{A}_{un} \tag{2.3.5}$$

谐振时总电压放大倍数 $\dot{A}_{u0\Sigma}$ 为

$$\dot{A}_{u0\Sigma} = \dot{A}_{u01}\dot{A}_{u02}\cdots\dot{A}_{u0n} \tag{2.3.6}$$

式（2.3.6）中，$\dot{A}_{u01}$、$\dot{A}_{u02}$、$\cdots$、$\dot{A}_{u0n}$ 分别为各级单调谐放大器的谐振电压放大倍数。如果用分贝表示 n 级同步调谐放大器的总谐振电压放大增益时，则有

$$\dot{A}_{u0\Sigma}(\mathrm{dB}) = \dot{A}_{u01}(\mathrm{dB}) + \dot{A}_{u02}(\mathrm{dB}) + \cdots + \dot{A}_{u0n}(\mathrm{dB}) \tag{2.3.7}$$

由于多级放大器的电压放大倍数等于各级放大倍数的乘积，所以级数越多，谐振总增益就越大，幅频特性曲线就越尖锐，矩形系数就越小，即选择性就越好，但通频带则越窄。因此，必须保证每级放大器的通频带都比总通频带宽，才能在 n 级调谐放大器级联之后，保证总通频带满足要求。

2. 双参差调谐放大器

多级放大器中，如果每一组内各级放大器都调谐在不同频率上，则每两级为一组级联组成的放大器称为双参差调谐放大器，由三级为一组组成的称为三参差调谐放大器。

将两级单调谐放大器分别调谐在略低于和略高于信号的中心频率 f_0 时，就构成一组双参差调谐放大器，其特征增益曲线如图 2.3.4 所示。图 2.3.4（a）为两个单级放大器的幅频特性曲线，f_1、f_2 分别是单级放大器的谐振频率，要求满足 $f_1 - f_0 = f_0 - f_2$。图 2.3.4（b）是双参差调谐放大器的总幅频特性曲线，当然图 2.3.4（a）、（b）两图的比例不一样，双参差调谐放大器的总电压放大倍数等于两级放大倍数的乘积。由图 2.3.4 可见，双参差调谐放大器的幅频特性曲线比单调谐放大器更接近于矩形形状，即双参差调谐放大器的选择性比单调谐放大器要好。

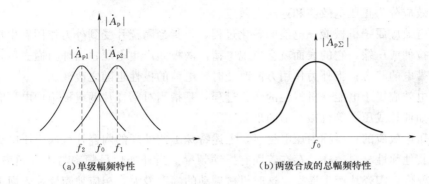

图 2.3.4　双参差调谐放大器幅频特性曲线

任务 2.4　分析集中选频放大器

任务描述

集中选频器件和宽带放大器集成电路的出现，大大降低了小信号选频放大器的设计、调试难度，本任务将了解集中选频器件的工作机理及其应用。

任务目标

- 理解陶瓷滤波器、声表面波滤波器和石英晶体滤波器等集中选频器件的工作机理。

- 了解集中选频放大器。

使用分立元件的电子线路设计和调试都是相对比较困难的，在通信的高频电子线路方面尤甚。随着电子技术的发展，出现了越来越多的集成高频宽带放大器，它们有着频带宽、增益高、应用调试简便等诸多优点，在越来越多的无线电设备中得到广泛应用。

与此同时，也出现了越来越多的集中选频滤波器，集中选频滤波器应用时有着免调试的优点，并且其幅频特性曲线近似理想矩形，因此，一经出现就得到了大量应用。

集成宽带放大器和集中选频滤波器的出现，使得在设计选频放大器时，可以把放大和选频两个主要功能分开考虑，降低设计和电路调试的难度。采用集成宽带放大器和集中选频器件组成的调谐放大器称为集中选频放大器，它有增益高、通频带宽、选择性好等优点，其缺点也比较明显。就是只能适用于固定频率的选频放大。

常用的集中选频滤波器有陶瓷滤波器、声表面波滤波器和石英晶体滤波器等，这些滤波器和集成宽带放大器一样，大都是作为基础元器件由专业工厂生产，在专业的电子元器件市场上销售。

2.4.1　集中选频器件

2.4.1.1　陶瓷滤波器

陶瓷滤波器是由锆钛酸铅陶瓷材料制成的，把这种陶瓷材料制成片状，两面涂银作为电极，经过直流高压极化后就具有压电效应。

压电效应分为正压电效应和逆压电效应。

正压电效应属于机械能→电能的转化过程，是指当陶瓷片受到外力作用发生机械变形时，比如拉伸或压缩，它的表面就会出现电荷，两极间产生电压；当外力撤去后，晶体又恢复到不带电的状态；当外力作用方向改变时，电荷的极性也随之改变。

逆压电效应属于电能→机械能的转化过程，是指当对陶瓷片两电极施加电压时，它就会产生诸如伸长或压缩等机械变形的现象。

具有压电效应的材料称为压电材料，上述特殊工艺处理的陶瓷片就属于压电材料。压电材料和其他弹性材料一样，存在着固有振动频率。当外加信号频率与固有频率一致时，由于压电效应，陶瓷片产生谐振，这时机械振动的幅度最大，相应地陶瓷片表面上产生的电荷数量也最大，因而外电路中的电流也最大。

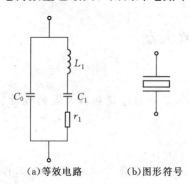

(a)等效电路　(b)图形符号

图 2.4.1　陶瓷滤波器

压电陶瓷片的这种特性与串联谐振的特性相像，其等效电路和图形符号如图 2.4.1 所示。图中 C_0 为压电陶瓷片的固定电容值，L_1、C_1、r_1 分别相当于机械振动时的等效质量、等效弹性系数和等效阻尼。压电陶瓷片的厚度、半径等尺寸不同时，其等效电路的参数也不同。

从等效电路来看，压电陶瓷片有两个谐振频率：串联谐振频率和并联谐振频率。串联谐振时，主要是 L_1 和 C_1 起作用，其频率为

$$f_1 = \frac{1}{2\pi\sqrt{L_1 C_1}} \tag{2.4.1}$$

并联谐振时，等效回路可以看成 C_0 与 C_1 串联合并为一个电容后，再与 L_1 构成 LC 并联谐振回路，其频率为

$$f_2 = \frac{1}{2\pi\sqrt{L_1 \dfrac{C_0 C_1}{C_0 + C_1}}} \tag{2.4.2}$$

由单个陶瓷片构成两端陶瓷滤波器，其通频带较窄，选择性较差。陶瓷片的品质因数比一般 LC 回路的品质因数要高，只要各陶瓷片的串并联谐振频率搭配得当，就可以获得接近理想矩形幅频特性的四端陶瓷滤波器，如图 2.4.2 所示。图 2.4.2 (a) 是两个陶瓷片组合，图 2.4.2 (b) 是九个陶瓷片组合，同理可以完成更多数量的陶瓷片组合，图 2.4.2 (c) 是四端陶瓷滤波器的图形符号。

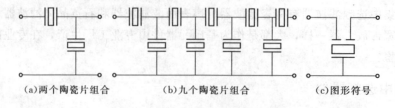

(a)两个陶瓷片组合　　　　　(b)九个陶瓷片组合　　　　　(c)图形符号

图 2.4.2　四端陶瓷滤波器

在使用四端陶瓷滤波器时，要注意信号源、负载阻抗须与滤波器的输入、输出阻抗各相匹配，否则其幅频特性将会变差，通频带内的响应起伏增大，通频带外的衰减值变小。

陶瓷滤波器的工作频率可从几百千赫到几百兆赫，带宽可以做得很窄，其等效 Q 值约为几百，它具有体积小、成本低、耐热耐湿性好、受外界条件影响小等优点，广泛用于无线电接收机中，如收音机的中放、电视机的伴音中放等。陶瓷滤波器的不足之处是频率特性的一致性较差，通频带不够宽等。

2.4.1.2　声表面波滤波器

声表面波滤波器是以石英、铌酸锂或钎钛酸铅等压电晶体为基片，经表面抛光后在其上蒸发一层金属膜，通过光刻工艺制成两组具有能量转换功能的交叉指型的金属电极，分别称为输入叉指换能器和输出叉指换能器。当输入叉指换能器接上交流电压信号时，压电晶体基片的表面就产生振动，并激发出与外加信号同频率的声波，此声波主要沿着基片的表面的与叉指电极升起的方向传播，故称为声表面波，其中一个方向的声波被除数吸声材料吸收，另一方向的声波则传送到输出叉指换能器，被转换为电信号输出。声表面波滤波器的结构示意图及符号如图 2.4.3 所示。

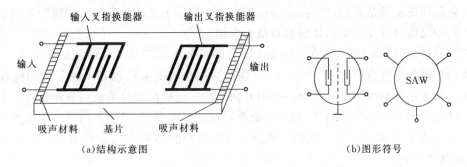

（a）结构示意图　　　　　　　（b）图形符号

图 2.4.3　声表面波滤波器结构示意图和图形符号

声表面波滤波器具有选频特性，其特性取决于叉指换能器电极的形状、间距、交叉长度和电极数目等，只要合理设计，便可获得接近理想的中频幅频特性。其特点是：

（1）频率响应平坦，不平坦度仅为 $\pm(0.3\sim0.5)$dB。

（2）幅频特性的矩形系数好，带外抑制可达 40dB 以上。

（3）插入损耗高，通常高达 $25\sim30$dB，实际应用中一般用放大器来补偿滤波器的电平损失。

声表面波滤波器具有工作频率高、通频带宽、选频特性好、体积小和重量轻等特点，并且可采用与集成电路相同的生产工艺，制造简单，成本低，频率特性的一致性好，因此广泛应用于各种电子设备中。

2.4.1.3　石英晶体滤波器

石英是一种各向异性的结晶体，其化学成分为二氧化硅（SiO_2），它不仅是较好的光学材料，而且还是重要的压电材料。

与压电陶瓷片的结构相似，把石英晶体按一定的方位角切割成薄片，称为晶片，然后在晶片的两面涂上银层作为电极，在电极上焊上两根导线作为引线固定在管脚上，就构成了石英晶体谐振器。一般石英晶体谐振器用金属或玻璃外壳封装，晶片的特性与其切割的方位角有关。

石英晶片的谐振也来自于压电效应，与陶瓷滤波器的工作原理类似。当交换电压加在石英晶片时，石英晶片将会随交变电压的频率产生周期性的机械振动，同时，机械振动又会在两个电极上产生交变电荷，并从而形成交变电流。当外加交变电压的频率与石英晶片的固有振动频率一致时，晶片将产生共振，此时晶片的机械振动最强，晶片两面的电荷数量和其间交换电流都达到最大，产生类似于 LC 回路中的谐振，这种现象称为石英晶体的压电谐振。因此，将晶片的固有机械振动频率作为石英晶体振荡器的谐振频率，其值与晶片的几何尺寸有关，并具有很高的稳定性。

　　用石英晶体谐振器组成的石英晶体滤波器，与 LC 谐振回路构成的滤波器相比，晶体滤波器在频率选择性、频率稳定性、过渡带陡度和插入损耗等方面都优越得多，已广泛用于通信、导航、测量等电子设备。1921 年 W. G. 凯地将晶体谐振器用于各种调谐电路，形成了晶体滤波器的雏形。1927 年 L. 艾斯本希德把晶体谐振器用于真正的滤波电路。1931 年 W. P. 梅森又把它用于格型滤波器。20 世纪 60 年代中期，集成式晶体滤波器研制成功，晶体滤波器在小型化方面有了很大发展。

　　石英晶体谐振器是最常用的晶体谐振器之一，可分为低通、高通、带通和带阻晶体滤波器。其中又以带通及带阻晶体滤波器最为常用。

　　石英晶体滤波器的图形符号、等效电路和阻抗频率如图 2.4.4 所示。图 2.4.4 中 C_0 为石英晶片的静态电容值，L_1、C_1、r_1 分别晶片振动时的等效动态电感、动态电容和摩擦损耗。石英晶片的静态电容值与晶片的几何尺寸、电极面积有关，一般在几到几十皮法之间。动态电感 L_1 很大，约几十到几百毫亨，而动态电容 C_1 很小，约百分之几皮法，摩擦损耗 r_1 的值从几欧姆到几百欧姆，所以，石英晶片的品质因数 Q 值很高，一般可以达到 10^5 数量级以上。

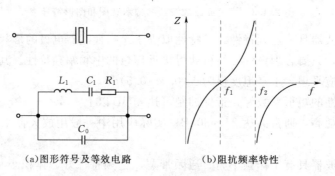

(a)图形符号及等效电路　　　　　　　(b)阻抗频率特性

图 2.4.4　石英晶体滤波器

　　从石英晶体滤波器的等效电路可以看出，石英晶体滤波器有两个谐振频率，一个是 L_1、C_1、r_1 支路的串联谐振频率，即

$$f_1 = \frac{1}{2\pi\sqrt{L_1 C_1}} \tag{2.4.3}$$

　　另一个是由 C_0 和 C_1 串联后，与 L_1 组成并联回路的谐振频率，即

$$f_2 = \frac{1}{2\pi\sqrt{L_1\dfrac{C_0 C_1}{C_0 + C_1}}} = f_1\sqrt{1 + \frac{C_1}{C_0}} \tag{2.4.4}$$

因为 $C_0 \gg C_1$，所以 $C_1/C_0 \ll 1$，由式（2.4.3）和式（2.4.4）可知两个谐振频率相差很小，其相对频差为

$$\frac{f_2 - f_1}{f_1} = \sqrt{1 + \frac{C_1}{C_0}} - 1 \approx \frac{C_1}{2C_0} \tag{2.4.5}$$

式（2.4.5）的值通常小于 1%，这就使得 f_1 和 f_2 之间的阻抗频率特性曲线非常陡峭，该区域的电抗值为正值，呈电感的电抗特性。实际上，石英晶体滤波器就工作在这一频率范围狭窄的电感区，因此，在电路分析时，可以把石英晶体滤波器看成是电感特性的元件。

2.4.2　集中选频放大器

集中选频放大器主要由集中选频器件和宽带放大器两部分组成，集中选频器件完成信号频率选择功能，宽带放大器实现信号电压增益。宽带放大器可以使用分立元件实现，更多的是采用高频线性集成放大电路实现。

图 2.4.5 所示为采用集成宽带放大器 FZ1 和陶瓷滤波器组成的集中选频放大器。为了使陶瓷滤波器的频率特性不受外电路参数的影响，使用时一般要求器件规定的输入、输出阻抗匹配。因此，图 2.4.5 中陶瓷滤波器的输入端采用变压器阻抗变换来匹配 LC 并联谐振网络，输出端采用晶体管射极跟随器来降低负载阻抗对陶瓷滤波器的影响。

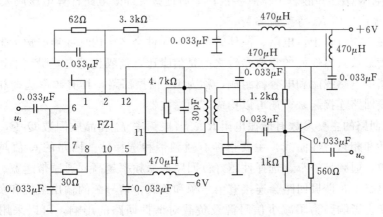

图 2.4.5　使用陶瓷滤波器的集中选频放大器

变压器一次侧线圈电感与 30pF 电容组成 LC 并联谐振回路，其谐振频率与陶瓷滤波器的主谐振频率一致，用来消除陶瓷滤波器通频带以外的小谐振峰。LC 并联谐振回路并联的 4.7kΩ 电阻式用来展宽 LC 谐振回路的通频带。

图 2.4.6 所示为采用声表面波滤波器的集中选频放大器，图中 SAWF 为声表面波滤波器。前级晶体管放大器的目的是消除声表面波滤波器带来的插入损耗，晶体管放大器输入端的 L_1 与分布电容构成并联谐振回路，谐振于信号的中心频率上。声表面波滤波器的输入、输出端并联有电感 L_2、L_3，目的是抵消声表面波滤波器输入、输出端分布电容的影响，以实现良好的阻抗匹配。

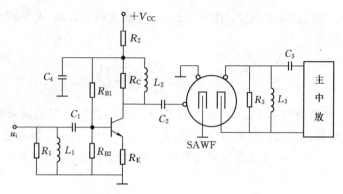

图 2.4.6 使用声表面波滤波器的集中选频放大器

项 目 小 结

三极管共射放大器也称为基本三极管放大器，其电路分析和参数计算是学习电子技术必须掌握的基础技能之一。共射放大器电路由双极性 NPN 三极管，加上电源、基极偏置电阻、集电极电阻和耦合电容等构成。

共射放大器电路参数计算方法有：①通过直流通路，计算基极电流 I_{BQ}、集电极电流 I_{CQ} 和集电结电压 U_{CEQ} 等静态工作点参数；②通过微变等效电路计算电压放大倍数 A_u、输入电阻 R_i 和输出电阻 R_o 等交流参数。

放大器在工作过程中，电阻、晶体管等电子元件会产生内部噪声。放大器的内部噪声不可避免。衡量放大器性能的重要参数之一是信噪比，信噪比越高，噪声的影响就越小。

谐振回路由电感线圈和电容器组成，称为 LC 谐振回路，具有频率选择和阻抗变换作用。多个谐振回路连接起来，还可以构成带通滤波器。

LC 谐振回路的主要参数有谐振电阻 R_p、谐振频率 f_0 和品质因数 Q 等，主要特性曲线有幅频特性和相频特性曲线，主要指标有通频带和选择性。回路的 Q 值越高，幅频特性曲线越尖锐，通频带越窄，选择性越好；回路谐振频率越高，通频带越宽。

在实际电路中，谐振回路会连接有信号源和负载，信号源的输出阻抗和负载阻抗均会对谐振回路产生影响。为了减少信号源及负载对谐振回路的影响，可以采用阻抗变换电路。常用的阻抗变换电路有变压器、电感和电容分压电路等。

小信号谐振放大器的目的是把微弱的、高频的信号放大到合适下一级处理的电压，由放大电路和 LC 谐振回路组成。放大电路完成电压放大，LC 谐振回路完成选频的作用。单调谐放大器的选择性、通频带和矩形系数与单谐振回路相同。

在高频电路中，晶体管集电极与基极之间的结电容 C_{bc} 会在输出与输入之间形成交流反馈通路（称为内反馈）。内反馈会使放大器增益、通频带和选择性发生变化。严重时，内反馈使放大器在某个频率下形成自激震荡，放大器无法正常工作。常采用共射-共基复合电路构成谐振放大器减少内反馈的影响。

当单级放大电路的增益不能满足要求的时候，就会采用两级或多级放大电路级联的办法提高放大总增益。如果级联的多级谐振放大器都工作在同一频率，称为同步调谐；如果每一级谐振放大器都调谐在不同频率，称为参差调谐。

采用集成宽带放大器和集中选频器件组成的调谐放大器称为集中选频放大器，它有增益高、通频带宽、选择性好等优点，缺点是只能适用于固定频率的选频放大。

常用的集中选频滤波器有陶瓷滤波器、声表面波滤波器和石英晶体滤波器等。

项 目 考 核

《通信电子线路》项目考核表

考核日期：   表号：考核 2-1

班级		学号		姓名	

项目名称：小信号选频放大器

1. 基本共射放大电路如图 2.1.1 所示，假设三极管电流放大倍数为 50，直流电源 V_{cc} 为 12V，R_b 阻值为 200kΩ，R_c 阻值为 1kΩ，请求放大电路的直流工作点和交流参数。

2. 假设 LC 并联回路的电感 L 为 200mH，电感的损耗电阻为 10Ω，电容 C 为 300pF，请求回路的谐振频率、谐振电阻、品质因数、通频带 $BW_{0.7}$ 以及矩形系数。

3. 当上题的 LC 并联回路连接上内阻 R_s 为 100Ω 的信号源，阻抗 R_L 为 1kΩ 的负载后，回路的谐振频率、谐振电阻、品质因数、通频带 $BW_{0.7}$ 以及矩形系数将变为多少？

4. 谐振回路接入信号源和负载如图 P2.1 所示，已知线圈匝数分别为 $N_{12}=10$ 匝，$N_{13}=50$ 匝，$N_{45}=5$ 匝，$L_{13}=8.3\mu H$，回路空载品质因数 $Q=100$，$C=51pF$，$R_s=10k\Omega$，$I_s=1mA$，$R_L=2.5k\Omega$，请求并联谐振回路的有载品质因数 Q_e、通频带 $BW_{0.7}$，以及回路谐振的输出电压。

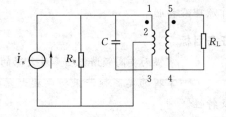

图 P2.1

5. 列举陶瓷滤波器、声表面波滤波器和石英晶体滤波器的特性及其谐振频率公式。

项目 3　高频功率放大器

项目内容

- 丙（C）类高频谐振功率放大器。
- 谐振功率放大器的特性分析。
- 谐振功率放大器电路。
- 谐振功率放大器的应用。
- 其他高频功率放大器。

知识目标

- 掌握丙（C）类高频谐振功率放大器的电路组成。
- 掌握谐振功率放大器的特性分析。
- 掌握各种谐振功率放大器电路及应用。
- 了解丁（D）类功率放大器、戊（E）类功率放大器、宽带高频功率放大器电路。

能力目标

- 能分析丙类高频谐振功率放大器的电路组成、工作原理及特性。
- 能分析、设计谐振功率放大器。

任务 3.1　丙类高频谐振功率放大器

任务描述

　　高频功率放大器是各种无线电发射机的重要组成部分。由于工作频率高，相对带宽很窄，高频功率放大器一般都采用 *LC* 谐振网络作为负载构成谐振功率放大器。为了提高效率，谐振功率放大器常工作在丙类。本任务主要讨论丙类谐振功率放大器的电路组成、工作原理及特性。

任务目标

- 掌握丙类高频谐振功率放大器的电路组成。
- 掌握丙类高频谐振功率放大器的工作原理及特性。

3.1.1　电路组成

　　丙类谐振功率放大器的原理电路如图 3.1.1 所示。图 3.1.1 中 V_{CC}、V_{BB} 为集电极和基极的直流电源电压。为使晶体管工作在丙类状态，V_{BB} 应设

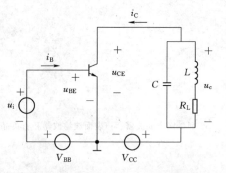

图 3.1.1　谐振功率放大器原理电路

在晶体管的截止区内。当没有输入信号 u_i 时，晶体管处于截止状态，$i_C = 0$。R_L 为外接负载电阻（实际情况下，外接负载一般为阻抗性的），L、C 为滤波匹配网络，它们与 R_L 构成并联谐振回路，调谐在输入信号频率上，作为晶体管集电极负载。由于 R_L 比较大，所以，谐振功率放大器中谐振回路的品质因数比小信号谐振放大器中谐振回路的要小得多，但这并不影响谐振回路对谐波成分的抑制作用。

3.1.2　电路分析

当基极输入一余弦高频信号 u_i 后，晶体管基极和发射极之间的电压为

$$u_{BE} = V_{BB} + u_i = V_{BB} + U_{im}\cos(\omega t) \tag{3.1.1}$$

其波形如图 3.1.2（a）所示。当 u_{BE} 的瞬时值大于基极和发射极之间的导通电压 $u_{BE(on)}$ 时，晶体管导通，产生基极脉冲电流 i_B，如图 3.1.2（b）所示。

基极导通后，晶体管便由截止区进入放大区，集电极将流过电流 i_C，与基极电流 i_B 相对应，i_C 也是脉冲形状，如图 3.1.2（c）所示。将 i_C 用傅里叶级数展开，则得

$$i_C = I_{C0} + I_{c1m}\cos(\omega t) + I_{c2m}\cos(2\omega t) + \cdots + I_{cnm}\cos(n\omega t) \tag{3.1.2}$$

式中：I_{C0} 为集电极电流直流分量；I_{c1m}、I_{c2m}、$\cdots$、I_{cnm} 分别为集电极电流的基波、二次谐波及高次谐波分量的振幅。

当集电极回路调谐在输入信号频率 ω 上，即与高频输入信号的基波谐振时，谐振回路对基波电流而言等效为一纯电阻。对其他各次谐波而言，回路失谐而呈现很小的电抗并可看成短路。直流分量只能通过回路电感线圈支路，其直流电阻很小，对直流也可看成短路。这样，脉冲形状的集电极电流 i_C，或者说包含有直流、基波和高次谐波成分的电流 i_C，流经谐振回路时，只有基波电流才产生压降，因而 LC 谐振回路两端输出不失真的高频信号电压。若回路谐振电阻为 R_e，则

$$u_c = -R_e I_{c1m}\cos(\omega t) = -U_{cm}\cos(\omega t) \tag{3.1.3}$$

$$U_{cm} = R_e I_{c1m} \tag{3.1.4}$$

式中：U_{cm} 为基波电压振幅。

所以，晶体管集电极和发射极之间的电压为

$$u_{CE} = V_{CC} + u_c = V_{CC} - U_{cm}\cos(\omega t) \tag{3.1.5}$$

其波形如图 3.1.2（d）所示。

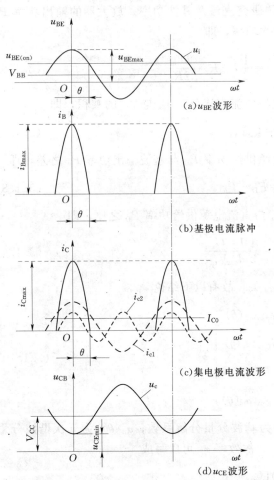

图 3.1.2　丙类谐振功率放大器中电流、电压波形

可见，利用谐振回路的选频作用，可以将失真的集电极电流脉冲变换为不失真的余弦电压输出。同时谐振回路还可以以将含有电抗分量的外接负载变换为纯电阻 R_e。通过调节 L、C 使并联回路谐振电阻 R_e 与晶体管所需集电极负载值相等，实现阻抗匹配。因此，在谐振功率放大器中，谐振回路除了起滤波作用外，还起到阻抗匹配的作用。

由图 3.1.2（c）可见，丙类放大器在一个信号周期内，只有小于半个信号周期的时间内有集电极电流流通，形成了余弦脉冲电流，将 i_{Cmax} 称为余弦脉冲电流的最大值，θ 为导通角。丙类放大器的导通角 θ 小于 90°。余弦脉冲电流依靠 LC 谐振回路的选频作用，滤除直流及各次谐波，输出电压仍然是不失真的余弦波。集电极高频交流输出电压 u_c 与基极输入电压 u_i 相反。当 u_{BE} 为最大值 u_{BEmax} 时，i_C 为最大值 i_{Cmax}，u_{CE} 为最小值 u_{CEmin}，它们出现在同一时刻。可见，i_C 只在 u_{CE} 很低的时间内出现，故集电极损耗很小，功率放大器的效率因而比较高，而且 i_C 导通时间越小，效率就越高。

3.1.3 输出功率与效率

由于输出回路调谐在基波频率上，输出电路中的高次谐波处于失谐状态，相应的输出电压很小，因此，在谐振功率放大器中只需研究直流及基波功率。放大器的输出功率 P_o 等于集电极电流基波分量在负载 R_e 上的平均功率，即

$$P_o = \frac{1}{2} I_{c1m} U_{cm} = \frac{1}{2} I_{c1m}^2 R_e = \frac{U_{cm}^2}{2R_e} \tag{3.1.6}$$

集电极直流电源供给功率 P_D 等于集电极电流直流分量 I_{C0} 与 V_{CC} 的乘积，即

$$P_D = I_{C0} V_{CC} \tag{3.1.7}$$

集电极耗散功率 P_C 等于集电极直流电源供给功率 P_D 与基波输出功率 P_o 之差，即

$$P_C = P_D - P_o \tag{3.1.8}$$

放大器集电极效率 η_C 等于输出功率 P_o 与直流电源供给功率 P_D 之比，即

$$\eta_C = \frac{P_o}{P_D} = \frac{1}{2} \frac{I_{c1m} U_{cm}}{I_{C0} V_{CC}} \tag{3.1.9}$$

由于 I_{C0}、I_{c1m}、$\cdots$、I_{cnm} 均与 i_{Cmax} 及 θ 有关，故有以下结论

$$\left. \begin{array}{l} I_{C0} = i_{Cmax} \alpha_0(\theta) \\[4pt] I_{c1m} = i_{Cmax} \alpha_1(\theta) \\[4pt] \vdots \\[4pt] I_{cnm} = i_{Cmax} \alpha_n(\theta) \end{array} \right\} \tag{3.1.10}$$

式中：$\alpha_0(\theta)$ 为直流分量分解系数；$\alpha_1(\theta)$ 为基波分量分解系数；$\alpha_n(\theta)$ 为 n 次谐波分量分解系数。将式（3.1.10）代入式（3.1.9），故效率 η_C 可以写成

$$\eta_C = \frac{1}{2} \frac{\alpha_1(\theta)}{\alpha_0(\theta)} \frac{U_{cm}}{V_{CC}} = \frac{1}{2} g_1(\theta) \xi \tag{3.1.11}$$

$$\xi = \frac{U_{cm}}{V_{CC}} \tag{3.1.12}$$

$$g_1(\theta) = \frac{\alpha_1(\theta)}{\alpha_0(\theta)} = \frac{I_{c1m}}{I_{C0}} \tag{3.1.13}$$

式中，ξ 称为集电极电压利用系数；$g_1(\theta)$ 称为波形系数。$g_1(\theta)$ 是导通角 θ 的函数，其函数关系如图 3.1.3 所示，θ 越小，$g_1(\theta)$ 越大，放大器的效率也就越高。在 $\xi = 1$ 的条件下，式（3.1.11）可求得不同工作状态下放大器效率分别为：

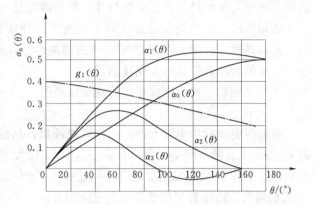

图 3.1.3 余弦脉冲电流分解系数

甲类工作状态，$\theta = 180°$，$g_1(\theta) = 1$，$\eta_C = 50\%$。

乙类工作状态，$\theta = 90°$，$g_1(\theta) = 1.57$，$\eta_C = 78.5\%$。

丙类工作状态，$\theta = 60°$，$g_1(\theta) = 1.8$，$\eta_C = 90\%$。

可见，丙类工作状态的效率最高，当 $\theta = 60°$ 时，效率可达 90%。随着 θ 的减小，效率还会进一步提高。但由图 3.1.3 可见，当 $\theta < 40°$ 后，继续减小 θ，波形系数的增加很缓慢，也就是说 θ 过小后，放大器效率的提高就不显著了，此时 $\alpha_1(\theta)$ 却迅速下降，为了达到一定的输出功率，所要求的输入激励信号电压 u_i 的幅值将会过大，从而对前级提出过高的要求。所以，谐振功率放大器一般取 θ 为 70° 左右。

任务 3.2 谐振功率放大器的特性分析

任务描述

谐振功率放大器的输出功率、效率及集电极损耗等都与集电极负载回路的谐振阻抗、输入信号的幅度、基极偏置电压以及集电极电源电压大小有密切关系，其中集电极负载阻抗的影响尤为重要。通过对这些特性的分析，可了解谐振功率放大器的应用及正确调试方法。

任务目标

- 了解欠压、临界和过压工作状态。
- 了解负载、V_{CC}、U_{im}、V_{BB} 对放大器工作状态的影响。

3.2.1 欠压、临界和过压工作状态

在放大器中，根据晶体管工作是否进入截止区和进入截止区的时间相对长短，即根据晶体管的导通角 θ 的大小，将放大器分为甲类、甲乙类、乙类和丙类等工作状态。而在丙类谐振放大器中还可根据晶体管工作是否进入饱和区，将其分为欠压、临界和过压工作状态。将不进入饱和区的工作状态称为欠压状态，其集电极电流脉冲形状如图 3.2.1 中曲线

①所示，为尖顶余弦脉冲。将进入饱和区的工作状态称为过压状态，其集电极电流脉冲形状如图 3.2.1 中曲线③所示，为中间凹陷的余弦脉冲。如果晶体管工作刚好不进入饱和区，则称为临界工作状态，其集电极电流脉冲形状如图 3.2.1 中曲线②所示，虽然仍为尖顶余弦脉冲，但顶端变化平缓。

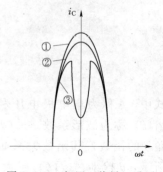

图 3.2.1　欠压、临界、过压状态集电极电流脉冲形状

必须指出，在谐振功率放大器中，虽然三种状态下集电极电流都是脉冲波形，由于谐振回路的滤波作用，放大器的输出电压仍为没有失真的余弦波形。

下面分别对三种工作状态的特点加以说明。

1. 欠压状态

根据丙类谐振功率放大器的工作原理可知，基极电压最大值 u_{BEmax} 与集电极电压最小值 u_{CEmin} 出现在同一时刻，所以只要当 u_{CEmin} 比较大（大于 u_{BEmax}），晶体管工作就不会进入饱和区而工作在欠压状态。由于 $u_{CEmin} = V_{CC} - U_{cm}$，可见，输出电压的幅值 U_{cm} 越小，u_{CEmin} 就越大，晶体管工作就越不会进入饱和区。

2. 临界状态

当增大 U_{cm}，u_{CEmin} 就会减小，可使放大器在 $u_{CE} = u_{CEmin}$ 时工作在放大区和饱和区之间的临界点上，晶体管工作在放大区和截止区，所以集电极电流仍为尖顶余弦脉冲。

3. 过压状态

由于谐振功率放大器的负载是谐振回路，有可能产生较大的 U_{cm}（例如谐振回路 Q 值比较大），u_{CEmin} 很小（小于 $u_{CE(sat)}$），致使晶体管在 $\omega t = 0$ 附近，因 u_{CE} 很小，而进入饱和区。因为在饱和区，晶体管集电结被加上正向电压，u_{BE} 的增加对 i_C 的影响很小，而 i_C 却随 u_{CE} 的下降迅速减小，所以使得集电极电流脉冲顶部产生下凹现象。当 U_{cm} 越大，u_{CEmin} 越小，脉冲凹陷越深，脉冲的高度越小。

3.2.2　负载对放大器工作状态的影响

当放大器中直流电源电压 V_{CC}、V_{BB} 及输入电压振幅 U_{im} 维持不变时，放大器电流、电压、功率与效率等随谐振回路谐振电阻 R_e 变化的特性，称为放大器的负载特性。

根据谐振功率放大器工作状态的分析可知，当 V_{CC}、V_{BB} 和 U_{im} 不变，负载 R_e 变化时，就会引起放大器输出电压 U_{cm} 的变化，从而使放大器的工作状态发生变化。

当 R_e 由小逐渐增大时，U_{cm} 逐渐增大，由图 3.2.2 可知，集电极电流脉冲由尖顶形状过渡到凹顶形状，放大器的工作状态由欠压状态经临界状态过渡到过压状态。当 R_e 由小增大时，由 i_C 波形可以分析得出，I_{C0}、I_{c1m} 在欠压状态时略微下降，进入过压状态后急剧下降。而 $U_{cm} = I_{c1m} R_e$ 在欠压状态时急剧增大，过压状态时只略微增大，几乎不变。

$P_D = I_{C0} V_{CC}$，当 R_e 增大时，其变化趋势与 I_{C0} 相同。$P_o = \dfrac{1}{2} I_{c1m}^2 R_e$ 在欠压状态时随 R_e 增大而增大，但在过压状态时由于 I_{c1m} 急剧下降，使 P_o 随 R_e 增大而逐渐下降，在临界状态为最大。$P_C = P_D - P_o$，在欠压状态时，由于 P_D 基本不变，P_C 将随 R_e 增大而急剧下降；但在过压状态，由于 P_D 与 P_o 变化相同，所以 P_C 几乎不随 R_e 的变化而变化，

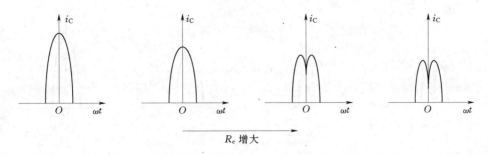

图 3.2.2　R_e 变化时的 i_C 波形

并且只有较小的值，显然在欠压状态时 P_C 很大，应避免丙类谐振功率放大器工作在欠压状态。

由于 $\eta_C = P_o / P_D$，在欠压状态时，η_C 随 R_e 变化的规律与 P_o 变化规律相似，逐渐增大。到达过压状态后，P_o、P_D 都将下降，η_C 随 R_e 的增大还是增大，但增幅比较缓慢，可见，最大效率实际上是出现在略过压状态的时候。但由于工作在临界状态时的谐振功率放大器输出功率 P_o 最大，效率 η_C 也比较高，所以临界状态为谐振功率放大器的最佳工作状态，与之相对应的负载 R_e 称为谐振功率放大器的匹配负载，用 R_{eopt} 表示。工程上，R_{eopt} 可以根据所需输出信号功率 P_o 由下式近似确定。

$$R_{eopt} = \frac{1}{2} \frac{U_{cm}^2}{P_o} = \frac{1}{2} \frac{(V_{CC} - U_{CE(sat)})^2}{P_o} \tag{3.2.1}$$

图 3.2.3 所示为丙类谐振功率放大器的负载特性曲线图，图 3.2.3（a）为电压和电流随 R_e 变化的曲线，图 3.2.3（b）为功率和效率随 R_e 变化的曲线。

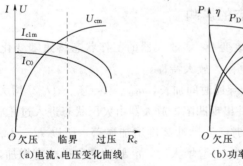

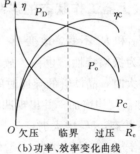

(a)电流、电压变化曲线　　　　(b)功率、效率变化曲线

图 3.2.3　谐振功率放大器负载特性

3.2.3　V_{CC} 对放大器工作状态的影响

若 V_{BB}、U_{im}、R_e 不变，只改变集电极直流电源电压 V_{CC}，谐振功率放大器的工作状态将会跟随变化。当 V_{CC} 由小增大时，u_{CEmin} 将跟随增大，放大器的工作状态由过压状态向欠压状态变化，i_C 脉冲由凹顶状向尖顶余弦脉冲变化，如图 3.2.4（a）所示。由图 3.2.4（a）可见，在欠压状态 i_C 脉冲高度变化不大，所以 I_{C0}、I_{c1m} 随 V_{CC} 的变化不大，而在过压状态，i_C 脉冲高度随 V_{CC} 减小而下降、凹陷加深，因而 I_{C0}、I_{c1m} 随 V_{CC} 的减小而较快地下降，并且在 $V_{CC} = 0$ 时，I_{C0}、I_{c1m} 都等于零。I_{C0}、I_{c1m} 随 V_{CC} 变化曲线如图 3.2.4（b）所示。

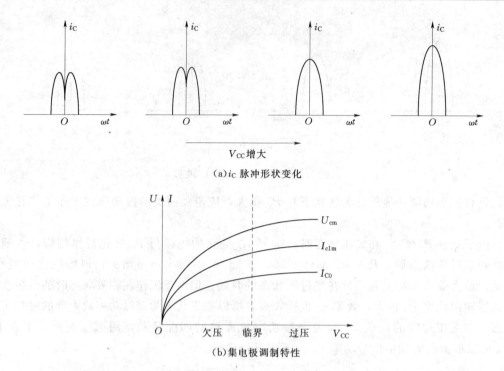

(a)i_C 脉冲形状变化

(b)集电极调制特性

图 3.2.4 V_{CC} 对放大器工作状态的影响

因为 $U_{cm} = I_{c1m} R_e$，所以 U_{cm} 与 I_{c1m} 变化规律相同，如图 3.2.4（b）所示。利用这一特性可实现集电极调幅作用，所以把 U_{cm} 随 V_{CC} 变化的曲线称为集电极调制特性。

3.2.4　U_{im} 对放大器工作状态的影响

假设 V_{CC}、V_{BB} 和 R_e 不变，改变 U_{im}，放大器的工作状态将跟随变化。放大器性能随 U_{im} 变化的特性称为振幅特性，也称为放大特性。

当 U_{im} 由小增大时，晶体管的导通时间加长，u_{BEmax}（$= V_{BB} + U_{im}$）增大，从而使得集电极电流脉冲宽度和高度均增加，并出现凹陷，放大器由欠压状态进入过压状态，如图 3.2.5（a）所示。在欠压状态，U_{im} 增大时，i_C 脉冲高度增加显著，所以 I_{C0}、I_{c1m} 和相应的 U_{cm} 随 U_{im} 的增加而迅速增大。在过压状态，U_{im} 增大时，i_C 脉冲高度虽略有增加，但凹陷也加深，所以 I_{C0}、I_{c1m} 和 U_{cm} 增长缓慢。I_{C0}、I_{c1m} 和 U_{cm} 随 U_{im} 变化的特性如图 3.2.5（b）所示。

3.2.5　V_{BB} 对放大器工作状态的影响

假设 V_{CC}、U_{im} 和 R_e 不变，改变 V_{BB}，放大器工作状态的变化如图 3.2.6（a）所示。由于 $U_{BEmax} = V_{BB} + U_{im}$，所以 U_{im} 不变、增大 V_{BB} 与 V_{BB} 不变、增大 U_{im} 的情况是类似的，因此，V_{BB} 由负到正增大时，集电极电流 i_C 脉冲宽度和高度增大，并出现凹陷，放大器由欠压状态过渡到过压状态。I_{C0}、I_{c1m} 和相应的 U_{cm} 随 V_{BB} 变化的曲线与振幅特性类似，如图 3.2.6（b）所示，利用这一特性可实现基极调幅作用，所以，把图 3.2.6（b）所示特性曲线称为基极调制特性。

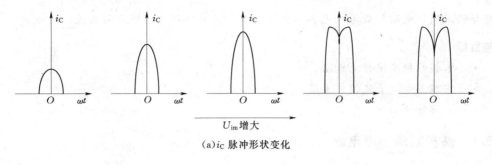

(a)i_C 脉冲形状变化

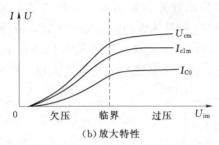

(b) 放大特性

图 3.2.5 U_{im} 对放大器工作状态的影响

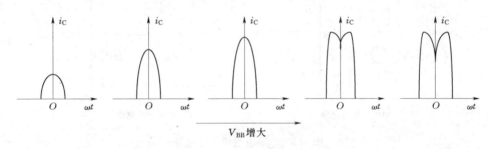

(a)i_C 脉冲形状变化

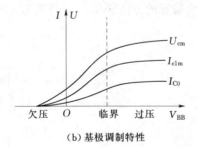

(b) 基极调制特性

图 3.2.6 V_{BB} 对放大器工作状态的影响

任务 3.3   谐振功率放大器电路

任务描述

　　谐振功率放大器电路由功率管直流馈电电路和滤波匹配网络组成。由于工作频率及使用场合的不同，电路组成形式也各不相同。本任务对常用电路组成形式进行讨论。

任务目标

- 掌握基极直流馈电电路。
- 掌握集电极直流馈电电路。
- 了解滤波匹配网络。

3.3.1 基极直流馈电电路

基极直流馈电电路可分为串联和并联两种，如图 3.3.1 所示。在图 3.3.1（a）中，输入信号 u_i、基极直流电源 V_{BB} 和晶体管的发射结相串联，故称串联馈电电路，常用于工作频率较低或工作频带较宽的功率放大器。在图 3.3.1（b）中，u_i、V_{BB} 和晶体管发射结相并联，故称并联馈电电路，常用于甚高频的功率放大器。图中 C_B 为高频旁路电容，L_B 为高频扼流圈。

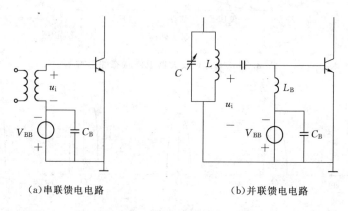

（a）串联馈电电路　　　　　　　　　　（b）并联馈电电路

图 3.3.1　基极直流馈电电路

要使放大器工作在丙类状态，晶体管基极应加反向偏压或加小于导通电压 $u_{BE(on)}$ 的正向偏压。反向偏压常采用自给偏置的方法获得。如图 3.3.2 所示为常见的自给偏置电路。

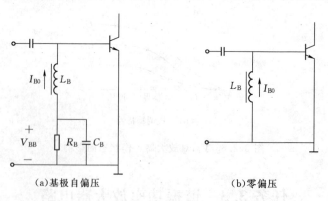

（a）基极自偏压　　　　　　　　　　（b）零偏压

图 3.3.2　自给偏置电路

图 3.3.2（a）所示电路是利用基极脉冲电流 i_B 的直流成分 I_{B0} 流经 R_B 来产生反向直流偏压的，C_B 的容量要大，以便有效地短路基波及各次谐波电流。图 3.3.2（b）所示电

路是利用高频扼流圈 L_B 中固有直流电阻来获得很小的反向偏置电压，可称为零偏压电路。

在自给偏置电路中，当未加输入信号电压时，因 i_B 为零，所以偏置电压 V_{BB} 也为零。当输入信号电压由小加大时，i_B 跟随增大，直流分量 I_{B0} 增大，自给反向偏压随着增大，这种偏置电压随输入信号幅度而变化的现象称为自给偏置效应。利用自给偏置效应可以改善电子电路的某些性能。

当需要提供正向基极偏置电压时，可采用图 3.3.3 所示分压式偏置电路。由图 3.3.3 可见，V_{CC} 经 R_{B1}、R_{B2} 的分压，取 R_{B2} 上的压降作为晶体管基极正向偏置电压，为了保证丙类工作，其值应小于晶体管的导通电压。图 3.3.3 中，C_B 是偏置分压电阻的旁路电容，对高频具有短路作用。需要说明，图 3.3.3 电路中，静态和动态基极偏压的大小是不相同的，因自给偏压效应晶体管的基极偏置电压动态值比静态值小。

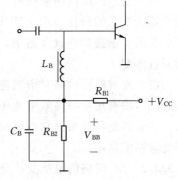

图 3.3.3　分压式基极偏置电路

3.3.2　集电极直流馈电电路

集电极直流馈电电路也分为串联和并联两种。如图 3.3.4 所示，其中图 3.3.4（a）为串联馈电电路，图 3.3.4（b）为并联馈电电路。图 3.3.4 中 L_C 为扼流圈，对高频信号起"扼制"作用。C_{C1} 为旁路电容，C_{C2} 为隔直电容，对高频信号起短路作用。其实并联和串联仅仅是指电路结构形式上的不同，就电压关系而言，无论是串联还是并联，交流电压和直流电压总是串联叠加在一起的，它们都满足 $u_{CE} = V_{CC} - U_{cm}\cos(\omega t)$ 的关系。

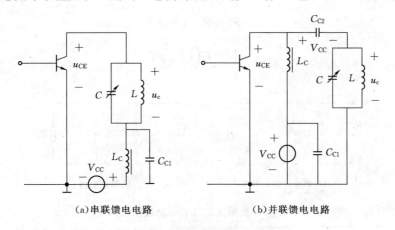

（a）串联馈电电路　　　　　　　　（b）并联馈电电路

图 3.3.4　集电极直流馈电电路

3.3.3　滤波匹配网络

3.3.3.1　对滤波匹配网络的要求

上面介绍的原理电路中，均采用 LC 并联谐振回路作为晶体管的负载。由谐振功率放大器的工作原理可知，谐振回路除滤除集电极电流中的谐波成分以外，还应呈现晶体管所需要的最佳负载电阻，因此，谐振回路实际上起到滤波和匹配的双重作用，故又称为滤波匹配网络。实际电路中，为提高滤波匹配性能，除了用 LC 谐振回路外，还常用复杂的网络。

对滤波匹配网络的主要要求是：

（1）滤波匹配网络应在所需频带内进行有效的阻抗变换，将实际负载电阻 R_L 变换成放大器所要求的最佳负载电阻 R_{eopt}，使放大器工作在临界状态，以便高效率输出所需功率。在丙类谐振功率放大器中，把 R_L 变换成与 R_{eopt} 相等，获得最大功率输出的作用，称为阻抗匹配。

（2）滤波匹配网络对谐波应有较强的抑制能力，以便有效地滤除不需要的高次谐波。

（3）将有用功率高效率地传送给负载，滤波匹配网络本身的固有损耗应尽可能的小。

滤波匹配网络根据它的电路结构可分为 L 形滤波匹配网络、Ⅱ 形滤波匹配网络和 T 形滤波匹配网络。

3.3.3.2　LC 网络的阻抗变换分析与计算

1. L 形匹配网络

图 3.3.5（a）所示为低阻抗变高阻抗的输出匹配网络。R_L 为外接电阻且很小，C 为高频损耗很小的电容，L 为 Q_e 值很高的电感线圈。将图 3.3.5（a）中的 L、R_L 串联电路用并联电路来等效，则可得如图 3.3.5（b）所示的电路。在工作频率上，等效并联回路发生谐振，此时，L 形匹配网络可把实际电阻 R_L 变换为放大器处于临界状态时所要求的较大的谐振阻抗 R_e，理论分析可以求得等效品质因数 Q_e、R_L'、L' 为

$$Q_e = \sqrt{\frac{R_e}{R_L} - 1} \qquad (3.3.1)$$

$$R_L' = R_L(1 + Q_e^2) \qquad (3.3.2)$$

$$L' = L\left(1 + \frac{1}{Q_e^2}\right) \qquad (3.3.3)$$

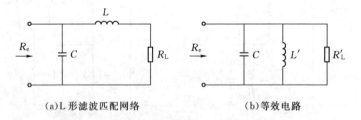

(a)L 形滤波匹配网络　　　　　　　　　　　(b)等效电路

图 3.3.5　低阻变高阻 L 形滤波匹配网络

图 3.3.6（a）所示为高阻抗变低阻抗的输出匹配网络，此时 R_L 较大，R_e 较小。将图 3.3.6（a）中的 C、R_L 并联电路用串联电路来等效，可得图 3.3.6（b）所示的电路。在工作频率上，等效串联回路发生谐振，此时，L 形匹配网络可把实际电阻 R_L 变换为放大器处于临界状态时所要求的较小的谐振阻抗 R_e，而等效品质因数 Q_e、R_L'、C' 应为

$$Q_e = \sqrt{\frac{R_L}{R_e} - 1} \qquad (3.3.4)$$

$$R_L' = \frac{R_L}{1 + Q_e^2} \qquad (3.3.5)$$

$$C' = C\left(1 + \frac{1}{Q_e^2}\right) \qquad (3.3.6)$$

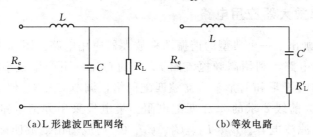

(a) L 形滤波匹配网络　　　　　(b) 等效电路

图 3.3.6　高阻变低阻 L 形滤波匹配网络

2. Ⅱ形和 T 形滤波匹配网络

由于 L 形滤波匹配网络阻抗变换前后的电阻相差 $(1 + Q_e^2)$ 倍，如果实际情况下要求变换的倍数并不高，这样回路的 Q_e 值就只能很小，会导致滤波性能很差。为了克服这一矛盾，可采用Ⅱ形和 T 形滤波匹配网络，如图 3.3.7 所示。

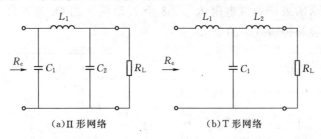

(a) Ⅱ形网络　　　　　(b) T 形网络

图 3.3.7　Ⅱ形和 T 形滤波匹配网络

Ⅱ形和 T 形网络可分割成两个 L 形网络。应用 L 形网络的分析结果，可以得到它们的阻抗变换关系及元件参数值计算公式。例如图 3.3.7（a）可分割成图 3.3.8 所示电路，图中，$L_1 = L_{11} + L_{12}$。由图可见，L_{12}、C_2 构成高阻变低阻的 L 形网络，它将实际负载电阻 R_L 变换成低阻 R_L'，显然 $R_L' <$ R_L；L_{11}、C_1 构成低阻变高阻的 L 形网络，再将 R_L' 变换成谐振功放所要求的最佳负载电阻 R_e，显

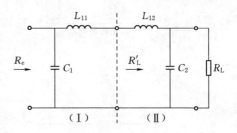

图 3.3.8　Ⅱ形拆成 L 形电路

然 $R_e > R_L'$。恰当选择两个 L 形网络的 Q_e 值，就可以兼顾到滤波和阻抗匹配的要求。

任务 3.4　谐振功率放大器的应用

任务描述

本任务对典型谐振功率放大器应用电路进行举例，并讨论了丙类倍频器的电路及工作原理。

任务目标

- 了解谐振功率放大器应用电路。
- 了解丙类倍频器电路及工作原理。

3.4.1 谐振功率放大器应用电路

图 3.4.1（a）画出了一个典型的谐振功率放大器应用电路。图 3.4.1（a）中，基极电路采用自给偏压电路，利用高频扼流圈 L_B 中的直流电阻产生很小的负值偏置电压，C_1、C_2、L_1、C_6 构成 T 形和 L 形输入滤波匹配网络，调节 C_1、C_2 使功率管的输入阻抗在工作频率上变换为前级要求的 50Ω 匹配电阻。集电极采用并馈电路，L_C 为高频扼流圈，C_C 为直流电源滤波电容。L_2、L_3、C_3、C_4、C_5 构成输出滤波匹配网络，L_2、C_3 构成 L 形网络，L_3、C_4、C_5 构成 T 形网络，调节 C_3、C_4、C_5 使 50Ω 外接负载电阻在工作频率上变换为功率管所要求的最佳负载电阻。将 T 形网络分割成两个 L 形网络，如图 3.4.1（b）所示，图中 $X'_{C4}//X'_{L4}=X_{C4}$。由图 3.4.1（b）可见，R_L 经 C_5、L'_4 组成的 L 形网络变换成 R'_L，$R'_L>R_L$。R'_L 经 L_3、C'_4 组成的 L 形网络变换成 R''_L，$R''_L<R'_L$，R''_L 再经 L_2、C_3 组成的 L 形网络变换成 R_e，$R_e<R''_L$。只要恰当选择三个 L 形网络的 Q_e 值，就可使 R_L 变换成放大器所要求的最佳负载电阻 R_{eopt}。3 个 L 形网络的 Q_e 值可取不同的数值组合，这样可以兼顾到滤波和传输效率的要求。

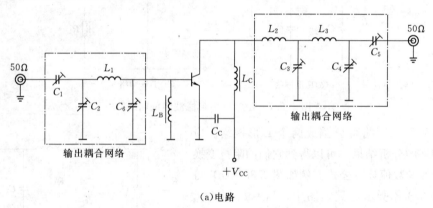

（a）电路

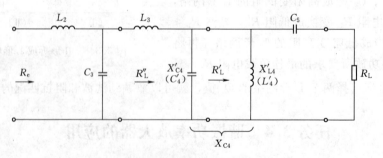

（b）输出滤波匹配网络等效电路

图 3.4.1 谐振功率放大器应用电路

3.4.2 丙类倍频器

输出信号的频率比输入信号频率高整数倍的电子电路，称为倍频器。它广泛应用于无线电发射机等电子设备中。可以实现倍频的电路很多，当工作频率不超过几十兆赫时，主要采用丙类谐振放大器构成的丙类倍频器。

由谐振功率放大器的分析已经知道，在丙类工作时，晶体管集电极电流脉冲含有丰富的谐波分量，如果把集电极谐振回路调谐在二次或三次谐波频率上，那么放大器只有二次或三次谐波电压输出，这样谐振功率放大器就成了二倍频器或三倍频器。通常丙类倍频器工作在欠压或临界工作状态。

由于集电极电流脉冲的高次谐波的分解系数总小于基波分解系数，所以，倍频器的输出功率和效率都低于基波放大器，并且倍频次数越高，相应的谐波分量幅度越小，其输出功率和效率也就越低，即同一个晶体管在输出相同功率时，作为倍频器工作，其集电极损耗要比作为基波放大器工作时大。另外，考虑到输出回路需要滤除高于和低于某次的各谐波分量，其中低于某次的各谐波分量幅度，特别是基波信号的幅度比有用分量大，要将它们滤除较为困难。显然，倍频次数过高，对输出回路的要求就会过于苛刻而难于实现。另外，当增高倍频次数，为了得到一定的功率输出，就需增大输入信号幅度，使得晶体管发射结承受的反向电压增大。所以，一般单级丙类倍频器采用二次或三次倍频，若要提高倍频次数，可将倍频器级联起来使用。

为了有效抑制低于倍频频率的谐波分量，实际丙类倍频器输出回路中常采用陷波电路，如图 3.4.2 所示。图 3.4.2 中为三倍频器，其输出并联回路调谐在三次谐波频率上，用以获得三倍频电压输出，而串联谐振回路 $L_1 C_1$、$L_2 C_2$ 与并联回路 $L_3 C_3$ 相并联，它们分别调谐在基波和二次谐波频率上，从而可以有效地抑制它们的输出，故 $L_1 C_1$ 和 $L_2 C_2$ 回路称为串联陷波电路。

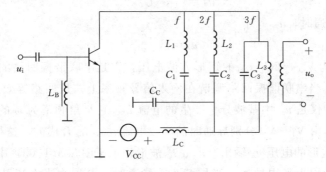

图 3.4.2 带有陷波电路的 3 倍频器

任务 3.5 其他高频功率放大器

任务描述

丁（D）类和戊（E）类功率放大器常用于数字通信和 GSM 数字通信系统。在多频道通信系统和相对带宽较宽的高频设备中，谐振功率放大器并不适用，这时必须采用无需调节工作频率的宽带高频功率放大器。本任务主要讨论丁类功率放大器、戊类功率放大器和宽带高频功率放大器的电路及工作原理。

任务目标

- 了解丁类功率放大器的电路及工作原理。
- 了解戊类功率放大器的电路及工作原理。
- 了解宽带高频功率放大器的电路及工作原理。

3.5.1 丁类功率放大器

丙类放大器可以通过减小电流导通角 θ 来提高放大器的效率，但是为了让输出功率符合要求又不使输入激励电压太大，θ 就不能太小，因而，放大器效率的提高就受到了限制。

若使放大器工作在开关状态，当晶体管导通 i_C 不等于零时，其管压降 u_{CE} 为最小，接近于零；而当管子截止 $i_C = 0$ 时，管压降 u_{CE} 不为零。可见，理想情况下，$i_C u_{CE}$ 乘积可接近于零，故 η_C 可达 100%，这类放大器被称为开关型丁类放大器。

丁类功率放大器有电压开关型和电流开关型两种电路，下面仅介绍电压开关型谐振功率放大器的工作原理。

图 3.5.1（a）所示为电压开关型丁类放大器原理电路。图中输入信号电压 u_i 是角频率为 ω 的方波或幅度足够大的余弦波。通过变压器 Tr 产生两个极性相反的推动电压 u_{b1} 和 u_{b2}，分别加到两个特性相同的、同类型放大管 V_1 和 V_2 的输入端，使得两管在一个信号周期内，轮流地饱和导通和截止。L、C 和外接负载 R_L 组成串联谐振回路。设 V_1 和 V_2 管的饱和压降为 $U_{CE(sat)}$，则当 V_1 管饱和导通时，A 点对地电压为

$$u_A = V_{CC} - U_{CE(sat)} \tag{3.5.1}$$

而当 V_2 管饱和导通时，u_A 等于

$$u_A = U_{CE(sat)} \tag{3.5.2}$$

因此，u_A 是幅值为 $V_{CC} - 2U_{CE(sat)}$ 的矩形方波电压，它是串联谐振回路的激励电压，如图 3.5.1（b）所示。当串联谐振回路调谐在输入信号频率上，且回路等效品质因子 Q 足够高时，通过回路的仅是 u_A 中基波分量产生的电流 i_o，它是角频率为 ω 的余弦波，而这个余弦波电流只能是由 V_1、V_2 分别导通时的半波电流 i_{C1}、i_{C2} 合成的。这样，负载 R_L 上就可获得与 i_o 相同波形的电压 u_o 输出。i_{C1}、i_{C2} 波形均示于图 3.5.1（b）中。可见，在开关工作状态下，两管均为半周导通，半周截止。导通时，电流为半个正弦波，但管压降很小，近似为零。截止时，管压降很大，但电流为零，这样，管子的损耗始终维持在很小值。

实际上，在高频工作时，由于晶体管结电容和电路的分布电容的影响，晶体管 V_1、V_2 的开关转换不可能在瞬间完成，u_A 的波形会有一定的上升沿和下降沿。这样，晶体管的耗散功率将增大，放大器实际效率将下降，这种现象随着输入信号频率的提高而更趋严重。为了克服上述缺点，又提出了一种戊类放大器。

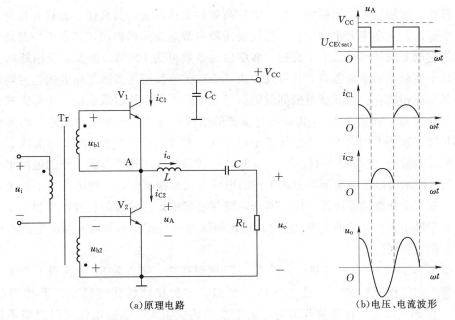

(a)原理电路　　　　　　(b)电压、电流波形

图 3.5.1　丁类放大器原理图及电压、电流波形

3.5.2　戊类功率放大器

戊类功率放大器由工作在开关状态的单个晶体管构成，其基本电路如图 3.5.2 所示。图中 R_L 为等效负载电阻，L_C 为高频扼流圈，用以使流过它的电流 I_{CC} 恒定；L、C 为串联谐振回路，其 Q 值足够大，但它并不谐振于输入信号的基频，C_1 接于集电极与地之间与晶体管的输出电容 C_0 并联，令 $C_1' = C_0 + C_1$，因此，C_1' 和 L、C 组成负载网络。通过选择适当的网络参数使负载网络的瞬态响应满足功率管截止时使集电极电压 u_{CE} 的上升沿延迟到集电极电流 $i_C = 0$ 以后才开始；功率管导通时，迫使 $u_{CE} = 0$ 以后才出现集电极电流 i_C 脉

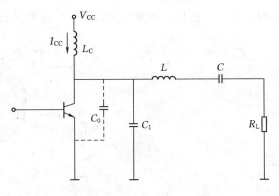

图 3.5.2　戊类功率放大器

冲，即保证功率管上的电流和电压不同时出现，从而提高了放大器的效率。

戊类和丁类功率放大器功率管处于开关工作状态，因此只能放大等幅的恒包络信号，如 FM、PSK、FSK 等已调信号。

3.5.3　宽带高频功率放大器

3.5.3.1　传输线变压器

1. 传输线变压器的工作原理

传输线变压器是将传输线绕在高磁导率、低损耗的磁环上构成的。传输线可采用扭绞

线、平行线、同轴线等，而磁环一般由镍锌高频铁氧体制成，其直径小的只有几毫米，大的有几十毫米，视功率大小而定。传输线变压器与普通变压器相比，其主要特点是工作频带极宽，它的上限频率可达上千兆赫，频率覆盖系数可达10000。而普通变压器的上限频率只有几十兆赫，频率覆盖系数只有几百或几千。传输线变压器的工作方式是传输线原理和变压器原理相结合，即其能量根据激励信号频率的不同以传输线或以变压器方式传输。

图3.5.3（a）所示为1∶1传输线变压器的结构示意图，它是由两根等长的导线紧靠在一起并绕在磁环上构成的。用虚线表示的导线1端接信号、2端接地，用实线表示的另一根导线3端接地、4端接负载。图3.5.3（b）所示为以传输线方式工作的电路形式，图3.5.3（c）所示为以普通变压器方式工作的电路形式。根据传输线理论，为了扩展它的上限频率，首先应使终端尽可能匹配；其次，应尽可能缩短传输线的长度，工程上要求传输线长度小于最小工作波长的1/8。这时，可近似认为传输线输出与输入端的电压和电流大小相等、相位相同。

由图3.5.3（b）、（c）可知，由于2、3端同时接地，则负载R_L上获得了与输入电压幅值相等、相位相反的电压，且$Z_i = R_L$，所以，这种接法的传输线变压器相当于一个1∶1阻抗反相变压器。在高频范围内，由于激磁感抗很大，激磁电流可以忽略不计，传输线方式起主要作用，上限频率不再受漏感和分布电容的限制，也不受磁心应用频率上限的限制；在频率较低的中间频段上，变压器近似为理想变压器，同时又由于传输线的长度很短，输入信号将直接加到负载上，能量的传输不会受到变压器的影响；在频率很低时，变压器传输方式起主要作用，由于采用了磁导率值很高的磁心，传输线变压器仍具有较好的低频特性。所以，不难看出传输线变压器具有良好的宽频带传输特性。

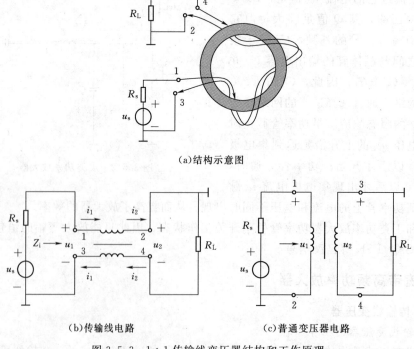

（a）结构示意图

（b）传输线电路　　　　　　　　（c）普通变压器电路

图3.5.3　1∶1传输线变压器结构和工作原理

2. 传输线变压器的应用

（1）平衡和不平衡电路的转换。传输线变压器可实现平衡和不平衡电路的转换，如图 3.5.4 所示。图 3.5.4（a）所示信号源为不平衡输入，通过传输线变压器可以得到两个大小相等、对地完全反相的电压输出。如图 3.5.4（b）所示，两个信号源构成平衡输入，通过传输线变压器可以得到一个对地不平衡的电压输出。

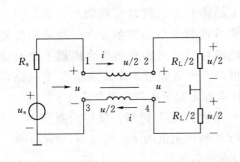 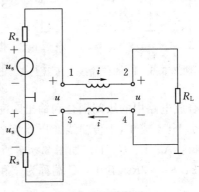

（a）不平衡-平衡转换　　　　　　　　　　　（b）平衡-不平衡转换

图 3.5.4　平衡和不平衡电路的转换

（2）4∶1 和 1∶4 阻抗变换器。传输线变压器可以构成阻抗变换器，最常用的是 4∶1 和 1∶4 阻抗变换器，图 3.5.5 是它的电路图。若设负载 R_L 上的电压为 u，由图 3.5.5 可见，传输线终端 2－4 和始端 1－3 的电压也均为 u，则 1 端对地输入电压等于 $2u$。如果信号源提供的电流为 i，则流过传输线变压器上、下两个线圈的电流也为 i，由图 3.5.5 可知，通过负载 R_L 的电流为 $2i$，因此可得

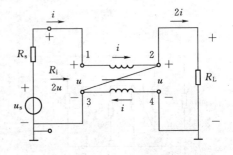

图 3.5.5　4∶1 传输线变压器电路图

$$R_L = \frac{u}{2i} \qquad (3.5.3)$$

而信号源端呈现的输入阻抗为

$$R_i = \frac{2u}{i} = 4R_L \qquad (3.5.4)$$

可见，输入阻抗是负载阻抗的 4 倍，从而实现了 4∶1 的阻抗变换。为了实现阻抗匹配，要求传输线的特性阻抗为

$$Z_c = \frac{u}{i} = 2R_L \qquad (3.5.5)$$

如将传输线变压器按图 3.5.6 接线，则可实现 1∶4 阻抗的变换。由图 3.5.6 可知

$$R_L = \frac{2u}{i} \qquad (3.5.6)$$

信号源端呈现的输入阻抗为

$$R_i = \frac{u}{2i} = \frac{R_L}{4} \qquad (3.5.7)$$

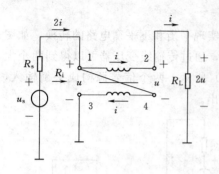

图 3.5.6　1:4 传输线变压器

可见，输入阻抗 R_i 为负载电阻 R_L 的 1/4，实现了 1:4 的阻抗变换。为了实现阻抗匹配，要求传输线的特性阻抗为

$$Z_c = \frac{u}{i} = \frac{R_L}{2} \qquad (3.5.8)$$

3.5.3.2　功率合成与分配电路

用多个晶体管并联可以实现功率合成，但一管损坏必将使其他管子状态发生变化，如果用传输线变压器构成混合网络来实现功率合成就不会有这个缺点，还可以实现宽频带工作。采用魔 T 网络作为功率合成电路中的级间耦合和输出匹配网络的技术称为宽带高频功率合成技术。

由 1:4 或 4:1 传输线变压器接成的混合网络称为魔 T 网络。理想的魔 T 网络有 4 个端口：A、B、C、D，如图 3.5.7 所示。若 Tr 的特性阻抗为 R，则有 $R_A = R_B = R$、$R_C = R/2$、$R_D = 2R$。其中，C 端称为"和"端，D 端称为平衡端或"差"端。

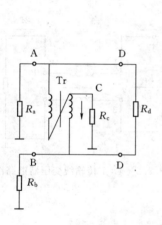

图 3.5.7　魔 T 网络电路结构

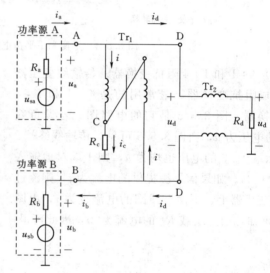

图 3.5.8　用魔 T 混合网络实现功率合成的原理电路

1. 功率合成网络

图 3.5.8 是用魔 T 混合网络实现功率合成的原理电路。图 3.5.8 中，Tr_1 为魔 T 混合网络，Tr_2 为 1:1 平衡-不平衡变换器。

（1）反相功率合成：功率放大器 A 和 B 提供等值反相电流，在 D 端合成功率，C 端无输出。

（2）同相功率合成：若功率放大器 A 和 B 提供等值同相电流，在 C 端合成功率，D 端无输出。

魔 T 混合网络的隔离条件是 $R_C = (1/4)R_D$。

2. 功率分配网络

（1）同相功率分配：功率放大器接到 C 端（图 3.5.9），在 A 端和 B 端获得等值同相功率，而 D 端没有获得功率。

（2）反相功率分配：功率放大器接到 D 端（图 3.5.10），在 A 端和 B 端获得等值反相功率，而 C 端没有获得功率。

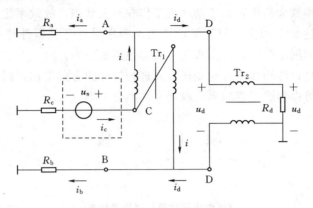

图 3.5.9 同相功率分配网络

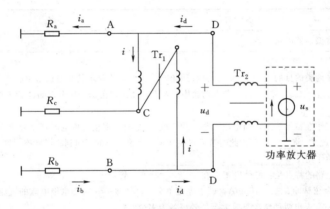

图 3.5.10 反相功率分配网络

项 目 小 结

功率放大器的任务是供给负载足够大的信号功率，其主要性能指标是输出功率和效率。丙类谐振功率放大器可获得高效率的功率放大，其集电极电流是严重失真的脉冲波形，而调谐在信号频率上的集电极谐振回路将滤除谐波，得到不失真的输出电压。

谐振功率放大器中，根据晶体管工作是否进入饱和区，将其分为欠压、临界、过压 3 种工作状态。工作在临界状态的谐振功率放大器输出功率 P_o 最大，效率 η_C 也比较高，所以谐振功率放大器一般都工作在临界状态。

谐振功率放大器电路包括基极馈电电路、集电极馈电电路和匹配网络等。基极馈电电路中反向偏压常采用自给偏置的方法获得；集电极馈电电路无论是串馈还是并馈，都满足 $u_{CE}=V_{CC}-U_{cm}\cos(\omega t)$ 的关系；匹配网络可分为 L 形匹配网络、Ⅱ 形匹配网络和 T 形匹配网络。

输出信号的频率比输入信号频率高整数倍的电子电路称为倍频器。将丙类谐振功放集电极谐振回路调谐在二次或三次谐波频率上，就可以构成二倍或三倍频器。通常丙类倍频器工作在欠压或临界状态，其输出功率和效率均低于基波放大器。

　　丁类和戊类功率放大器中，由于功率管工作在开关状态，故效率比丙类谐振功率放大器还要高，一般可达90％以上，但丁类功放工作频率受到开关器件特性的限制，而戊类功放通过选择合适的网络参数，在高频仍可获得很高的效率。

　　传输线变压器是以传输线原理和变压器原理相结合的方式工作，因此具有良好的宽频带传输特性。用它可以构成宽带功率合成器和功率分配器。

项 目 考 核

《通信电子线路》项目考核表

考核日期：　　　　　　　　　　　　　　　　　　　　　　　　　　表号：考核 3－1

班级		学号		姓名	

项目名称：掌握正弦波振荡器电路

1. 填空题

　（1）谐振功放工作在丙类的目的是＿＿＿＿＿，其导通角＿＿＿＿＿，故要求其基极偏压 V_{BB} ＿＿＿＿＿。

　（2）输入单频信号 $U_{cm}\cos(\omega_c t)$ 时，丙类谐振功放中，当 U_{cm} 过大，在 $\omega t = 0$ 附近晶体管工作在＿＿＿＿＿区，集电极电流脉冲出现＿＿＿＿＿，称为＿＿＿＿＿状态。

　（3）丙类谐振功放工作在临界状态，当电压参数不变，减小 R_e 时，则集电极电流直流分量 I_{C0} ＿＿＿＿＿，输出功率 P_o 将＿＿＿＿＿，管耗 P_C 将＿＿＿＿＿；此时若通过改变 V_{CC} 使放大器重新回到临界状态，则 V_{CC} 应＿＿＿＿＿。

　（4）滤波匹配网络的作用是＿＿＿＿＿，＿＿＿＿＿，＿＿＿＿＿。

　（5）丁类功率放大电路的特点是：晶体管工作在＿＿＿＿＿状态，管耗＿＿＿＿＿，效率＿＿＿＿＿。

2. 已知集电极电流余弦脉冲 $i_{Cmax} = 100\text{mA}$，试求导通角 $\theta = 120°$、$\theta = 70°$ 时集电极电流的直流分量 I_{C0} 和基波分量 I_{c1m}；若 $U_{cm} = 0.95V_{CC}$，求出两种情况下放大器的效率各为多少？

3. 已知谐振功率放大器的 $V_{CC} = 24\text{V}$，$I_{C0} = 250\text{mA}$，$P_o = 5\text{W}$，$U_{cm} = 0.9V_{CC}$，试求该放大器的 P_D、P_C、η_C 以及 I_{c1m}、i_{Cmax}、θ。

班级		学号		姓名	

项目名称：掌握正弦波振荡器电路

4. 一谐振功率放大器，$V_{CC} = 30V$，测得 $I_{C0} = 100mA$，$U_{cm} = 28V$，$\theta = 70°$，求 R_e、P_o、η_C。

5. 已知 $V_{CC} = 12V$，$U_{BE(on)} = 0.6V$，$V_{BB} = -0.3V$，放大器工作在临界状态 $U_{cm} = 10.5V$，要求输出功率 $P_o = 1W$，$\theta = 60°$，试求该放大器的谐振电阻 R_e、输入电压 U_{im} 及集电极效率 η_C。

6. 某谐振功率放大器输出电路的交流通路如图 P3.1 所示。工作频率为 2MHz，已知天线等效电容 $C_A = 500pF$，等效电阻 $r_A = 8\Omega$，若放大器要求 $R_e = 80\Omega$，求 L 和 C。

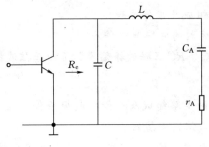

图 P3.1

7. 谐振功率放大器工作频率为 8MHz，实际负载 $R_L = 50$、$V_{CC} = 20V$、$P_o = 1W$，集电极电压利用系数为 0.9，用 L 形网络作为输出回路的匹配网络，试计算该网络的参数 L 和 C 的大小。

8. 试求图 P3.2 所示各传输线变压器的阻抗变换关系及相应的特性阻抗。

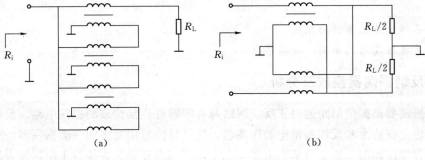

（a）　　　　　　　　　　　　　　　　　　（b）

图 P3.2

项目4 正弦波振荡器

项目内容

- 反馈振荡器的组成及工作原理。
- LC 正弦波振荡器。
- 石英晶体振荡器。
- RC 正弦波振荡器。
- 负阻正弦波振荡器。

知识目标

- 掌握反馈振荡器的组成及工作原理。
- 掌握 LC 正弦波振荡器的电路及工作原理。
- 了解石英晶体振荡器、RC 正弦波振荡器、负阻正弦波振荡器的电路及工作原理。

能力目标

- 能分析反馈振荡器的电路组成及平衡、起振条件。
- 能分析、设计 LC 正弦波振荡器。
- 能分析石英晶体振荡器、RC 正弦波振荡器、负阻正弦波振荡器的电路参数。

任务 4.1 反馈振荡器

任务描述

　　振荡器用于产生一定频率和幅度的信号，它不需要外加输入信号的控制，就能自动地将直流电能转换为所需要的交流能量输出。反馈振荡器是一种常见的产生正弦波的振荡器，为了更好地学习各种正弦波振荡器，我们必须掌握反馈振荡器的组成和平衡、起振条件。

任务目标

- 了解反馈振荡器的组成。
- 掌握振荡器的平衡、起振条件。

4.1.1 反馈振荡器组成及分析

　　反馈振荡器是振荡回路通过正反馈网络与有源器件连接构成的振荡电路。反馈振荡器实质上是建立在放大和反馈基础上的振荡器，这是目前应用最多的一类振荡器。反馈振荡器的原理方框图如图 4.1.1 所示。由图 4.1.1 可知，当开关 S 在位置 1 时，放大器的输入端外加一定频率和幅度的正弦波信号 u_i，u_i 经放大器放大后，在输出端产生输出信号 u_o，

输出信号 u_o。经反馈网络后，在反馈网络输出端得到反馈信号 u_f。若 u_f 与 u_i 相位相同，此时将开关 S 转接到位置 2，即用 u_f 取代 u_i，使放大器和反馈网络构成一个闭合正反馈回路，这时，虽然没有外加输入信号，但输出端仍有一定幅度的电压 u_o 输出，即实现了自激振荡。

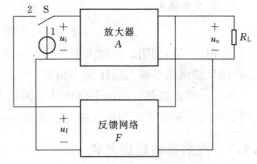

图 4.1.1　反馈振荡器构成框图

为了使振荡器的输出电压 u_o 成为一个固定频率的正弦波，也就是说自激振荡只能在某一频率上产生，而在其他频率上不能产生。则图 4.1.1 所示的闭合回路内必定包含选频网络，使得只有选频网络中心频率的信号满足 u_f 与 u_i 同相的条件而产生自激振荡，其他频率的信号则不满足 u_f 与 u_i 同相的条件，不产生自激振荡。

由此可见，反馈正弦波振荡器应包括放大器、反馈网络和选频网络。此外，为了使振荡器的幅度稳定，振荡器还应包含有稳幅环节。其中选频网络根据组成元件的不同，可分为 LC 选频网络、RC 选频网络和石英晶体选频网络。所以，根据选频网络的不同，反馈正弦波振荡器可分为 LC 振荡器、RC 振荡器和石英晶体振荡器。

4.1.2　振荡器的平衡条件

当反馈信号 u_f 等于放大器的输入信号 u_i，或者说，反馈信号 u_f 恰好等于产生输出电压 u_o 所需的输入电压 u_i，这时振荡电路的输出电压不再发生变化，电路达到平衡状态，因此，将 $\dot{U}_f = \dot{U}_i$ 称为振荡的平衡条件。需要指出，这里 $\dot{U}_f$ 和 $\dot{U}_i$ 都是复数，所以两者相等是指大小相等而且相位也相同。

根据图 4.1.1 可知，放大器开环电压放大倍数 $\dot{A}$ 和反馈网络的电压传输系数 $\dot{F}$ 分别为

$$\dot{A} = \frac{\dot{U}_o}{\dot{U}_i}, \dot{F} = \frac{\dot{U}_f}{\dot{U}_o} \tag{4.1.1}$$

所以

$$\dot{U}_f = \dot{F}\dot{U}_o = \dot{F}\dot{A}\dot{U}_i \tag{4.1.2}$$

由此可得，振荡的平衡条件为

$$\dot{A}\dot{F} = |\dot{A}\dot{F}| e^{j(\varphi_a + \varphi_f)} = 1 \tag{4.1.3}$$

式中：$|\dot{A}|$、φ_a 为放大倍数 $\dot{A}$ 的模和相角；$|\dot{F}|$、φ_f 为反馈系数 $\dot{F}$ 的模和相角。

可见，振荡的平衡条件应包含振幅平衡条件和相位平衡条件两个方面。

1. 相位平衡条件

$$\varphi_a + \varphi_f = 2n\pi \quad (n = 0, 1, 2, \cdots) \tag{4.1.4}$$

上式说明，放大器与反馈网络的总相移必须等于 2π 的整倍数，使反馈电压与输入电压相位相同，以保证环路构成正反馈。

2. 振幅平衡条件

$$|\dot{A}\dot{F}| = 1 \tag{4.1.5}$$

式 (4.1.5) 说明, 由放大器与反馈网络构成的闭合环路中, 其环路传输系数应等于 1, 以使反馈电压与输入电压大小相等。

作为一稳态振荡, 相位平衡条件和振幅平衡条件必须同时得到满足, 利用相位平衡条件可以确定振荡频率, 利用振幅平衡条件可以确定振荡电路输出信号的幅度。

4.1.3　振荡器的起振条件

式 (4.1.3) 是维持振荡的平衡条件, 是指振荡器已进入稳态振荡而言的。为了使振荡器的输出振荡电压在接通直流电源后能够由小增大直到平衡, 则要求在振荡幅度由小增大时, 反馈电压的相位必须与放大器输入电压同相, 反馈电压幅度必须大于输入电压的幅度, 即

$$\varphi_a + \varphi_f = 2n\pi \quad (n = 0, 1, 2, \cdots) \tag{4.1.6}$$

$$|\dot{A}\dot{F}| > 1 \quad (\text{或 } U_f > U_i) \tag{4.1.7}$$

式 (4.1.6) 称为相位起振条件, 式 (4.1.7) 称为振幅起振条件。

综上所述, 反馈振荡器既要满足起振条件, 又要满足平衡条件, 其中相位起振条件与相位平衡条件是一致的, 相位条件是构成振荡电路的关键, 即振荡闭合环路必须是正反馈。同时, 振荡电路中的放大环节应具有非线性放大特性, 即具有放大倍数随振荡幅度的增大而减小的特性, 这样, 在起振时, 放大倍数 $|\dot{A}|$ 比较大, 满足 $|\dot{A}\dot{F}| > 1$, 振荡幅度迅速增大, 随着振荡幅度的增大, 放大倍数 $|\dot{A}|$ 跟随减小, 直至 $|\dot{A}\dot{F}| = 1$, 振荡幅度不再增大, 振荡器进入平衡状态。

任务 4.2　LC 正 弦 波 振 荡 器

任务描述

以 LC 谐振回路作为选频网络的反馈振荡器称为 LC 正弦波振荡器, 常用的电路有变压器反馈振荡器和三点式振荡器。通过学习各种 LC 正弦波振荡器, 掌握它们的选频特点。

任务目标

- 了解变压器反馈正弦波振荡器的电路及工作原理。
- 掌握各种三点式振荡器的电路组成及应用。
- 了解振荡器的频率稳定和振幅稳定的特点。

4.2.1　变压器反馈正弦波振荡器

变压器反馈正弦波振荡器又称互感耦合振荡器, 图 4.2.1 所示为典型的变压器反馈正弦波振荡器的电路图。由图 4.2.1 可见, 该振荡器由晶体管、LC 谐振回路构成选频放大

器，变压器 Tr 构成反馈网络。在 LC 回路的谐振频率上，输出电压 $\dot{U}_o$ 与输入电压 $\dot{U}_i$ 反相。又根据反馈线圈 L_f 的同名端可知，反馈电压 $\dot{U}_f$ 与 $\dot{U}_o$ 反相，所以 $\dot{U}_f$ 与 $\dot{U}_i$ 同相，振荡闭合环路构成正反馈，满足了振荡的相位条件，如电路满足环路放大倍数大于 1，就能产生正弦波振荡。因为只有在 LC 回路谐振频率上，电路才能满足振荡的相位条件，所以振荡频率 f_0 近似等于

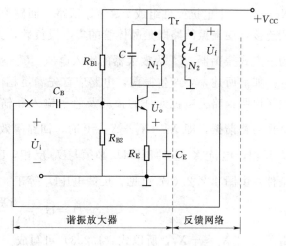

$$f_0 \approx \frac{1}{2\pi\sqrt{LC}} \qquad (4.2.1)$$

图 4.2.1　变压器反馈振荡器

图 4.2.1 中，R_{B1}、R_{B2}、R_E 等构成谐振放大器的直流偏置电路，使得放大器在小信号时工作在甲类，保证振荡的起始阶段，谐振放大器有较大的谐振放大倍数。而反馈网络的传输系数决定于变压器 Tr 的匝比，当一次线圈匝数为 N_1，二次线圈匝数为 N_2 时，由图 4.2.1 可见

$$\dot{F} = \frac{\dot{U}_f}{\dot{U}_o} = \frac{N_2}{N_1} \qquad (4.2.2)$$

通常，实用振荡电路中，Tr 采用降压变压器，所以反馈系数 $F<1$，只要匝比选择合适，该振荡器的环路放大倍数在起振阶段完全可以做到大于 1 而满足振幅起振条件。

起振时，电路工作于小信号状态，因此可将振荡电路作为线性电路来处理，用小信号等效电路求出振荡环路传输系数。

随着振荡幅度的增大，u_i 幅度也越来越大，放大器的工作由线性状态进入非线性状态，再加上电路中偏置电路的自给偏压效应，使得晶体管的基极偏置电压随 u_i 的增大而减小，进一步使放大器的工作状态进入甲乙类、乙类或丙类非线性工作状态。相应的放大倍数随之减小，直至 $AF=1$，振荡进入平衡状态。

4.2.2　三点式振荡器组成及分析

三点式振荡器的基本结构如图 4.2.2（a）所示。图中放大器件采用晶体管，X_1、

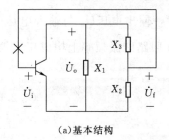
（a）基本结构

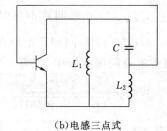
（b）电感三点式

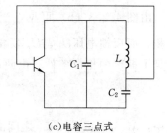
（c）电容三点式

图 4.2.2　三点式振荡器的结构

X_2、X_3 三个电抗元件组成 LC 谐振回路，回路有三个引出端点分别与晶体管的三个电极相连接，使谐振回路既是晶体管的集电极负载，又是正反馈选频网络，所以把这种电路称为三点式振荡器。$\dot{U}_i$ 为放大器的输入电压，$\dot{U}_o$ 为放大器的输出电压，$\dot{U}_f$ 为反馈电压。

如前所述，要产生振荡，电路应首先满足相位平衡条件，即电路应构成正反馈。为了便于说明，略去电抗元件的损耗及管子输入和输出阻抗的影响。当 X_1、X_2、X_3 组成的谐振回路谐振，即 $X_1+X_2+X_3=0$ 时，回路等效阻抗为纯电阻，放大器的输出电压 $\dot{U}_o$ 与 $\dot{U}_i$ 反相，电抗 X_2 上的压降 $\dot{U}_f$ 必须与 $\dot{U}_o$ 反相，$\dot{U}_f$ 才会与 $\dot{U}_i$ 同相，使电路满足相位平衡条件。由图 4.2.2 (a) 可见，反馈电压 $\dot{U}_f$ 等于

$$\dot{U}_f=\dot{U}_o\,\frac{jX_1}{j(X_2+X_3)} \tag{4.2.3}$$

由于 $X_2+X_3\approx-X_1$，所以式（4.2.3）可写成

$$\dot{U}_f=-\frac{X_2}{X_1}\dot{U}_o \tag{4.2.4}$$

由此可知三点式振荡电路的反馈系数 $\dot{F}$ 为

$$\dot{F}=\frac{\dot{U}_f}{\dot{U}_o}=-\frac{X_2}{X_1} \tag{4.2.5}$$

显然，要使 $\dot{U}_f$ 与 $\dot{U}_o$ 反相，电抗 X_2 与 X_1 就必须为同性质的电抗元件，即同为感性或容性元件。再由 $X_1+X_2+X_3\approx0$ 可知，X_3 必须由与 X_1（X_2）异性质的电抗元件组成。

综上所述，三点式振荡器组成法则可归纳为：X_1 与 X_2 的电抗性质必须相同，X_3 与 X_1、X_2 的电抗性质必须相异。或者说，接在发射极和集电极、发射极与基极之间的为同性质电抗，接在基极与集电极之间为异性质电抗。简单地说，与发射极相连的为同性质电抗，不与发射极连接的为异性质电抗。根据这个法则，构成的三点式振荡器的基本形式有两种，它们分别为电感三点式和电容三点式，如图 4.2.2 (b)、(c) 所示。

4.2.3　电感三点式振荡器

电感三点式振荡器又称哈脱莱（Hartley）振荡器，其原理电路如图 4.2.3 (a) 所示。图中 R_{B1}、R_{B2}、R_E 组成分压式偏置电路，C_E 为发射极旁路电容，C_B、C_C 分别为基极和集电极隔直电容，R_C 为集电极直流负载电阻。C 和 L_1、L_2 为并联谐振回路。画出它的交流通路，如图 4.2.3 (b) 所示，可见，它是电感三点式振荡器。

由图 4.2.3 (b) 可见，当 L_1、L_2、C 并联回路谐振时，输出电压 $\dot{U}_o$ 与输入电压 $\dot{U}_i$ 反相，而反馈电压 $\dot{U}_f$ 与 $\dot{U}_o$ 反相，所以 $\dot{U}_f$ 与 $\dot{U}_i$ 同相，电路在回路谐振频率上构成正反馈，满足了振荡的相位条件。由此可得电路的振荡频率 f_0 为

$$f_0\approx\frac{1}{2\pi\sqrt{(L_1+L_2+2M)C}} \tag{4.2.6}$$

式中：M 为电感 L_1、L_2 之间的互感。

振荡器的反馈系数可根据式（4.2.5）求得，即

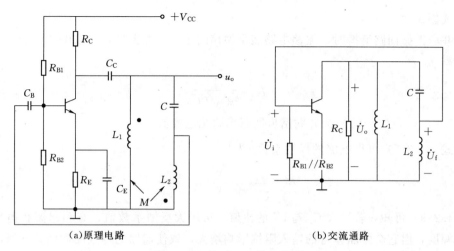

(a)原理电路　　　　　　　　(b)交流通路

图 4.2.3　电感三点式振荡器

$$\dot{F}=\frac{\dot{U}_f}{\dot{U}_o}=-\frac{X_2}{X_1}=-\frac{L_2+M}{L_1+M} \tag{4.2.7}$$

电感三点式振荡器的优点是容易起振，另外，改变谐振回路的电容 C，可方便地调节振荡频率。但由于反馈信号取自电感 L_2 两端压降，而 L_2 对高次谐波呈现高阻抗，故不能抑制高次谐波的反馈，因此，振荡器输出信号中的高次谐波成分较大，信号波形较差。

4.2.4　电容三点式振荡器

电容三点式振荡器又称考毕兹（Colpitts）振荡器，其原理电路如图 4.2.4（a）所示，图 4.2.4（b）是它的交流通路。由图 4.2.4 可见，C_1、C_2、L 并联谐振回路构成反馈选频网络，其中 C_1 相当于图 4.2.2（a）的 X_1，C_2 相当于 X_2，L 相当于 X_3，并联谐振回路 3 个端点分别与晶体管的三个电极相连接，且 X_1 与 X_2 为同性质电抗元件，X_3 与 X_2、X_1 为异性质电抗元件，符合三点式振荡电路组成法则，故满足振荡的相位平衡条件。由于反馈信号 $\dot{U}_f$ 取自电容 C_2 两端电压，故称为电容反馈三点式 *LC* 振荡器，简称电

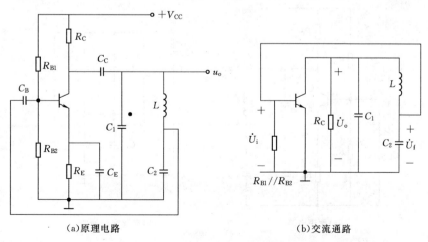

(a)原理电路　　　　　　　　(b)交流通路

图 4.2.4　电容三点式振荡器

容三点式振荡器。

当并联谐振回路谐振时，振荡电路满足振荡的相位平衡条件，所以由此可求得电路的振荡频率 f_0 为

$$f_0 \approx \frac{1}{2\pi\sqrt{LC}} \tag{4.2.8}$$

式中：$C = C_1 C_2 / (C_1 + C_2)$ 为并联谐振回路串联总电容值。

由式（4.2.5）可得电路的反馈系数 $\dot{F}$ 为

$$\dot{F} = \frac{\dot{U}_f}{\dot{U}_o} = -\frac{X_2}{X_1} = -\frac{C_1}{C_2} \tag{4.2.9}$$

由式（4.2.9）可知，若增大 C_1 与 C_2 的比值，可增大反馈系数值，有利起振和提高输出电压的幅度，但它会使晶体管的输入阻抗影响增大，致使回路的等效品质因数下降，不利于起振，同时波形的失真也会增大。所以，C_1/C_2 不宜过大，一般可取 $C_1/C_2 = 0.1 \sim 0.5$，或通过调试决定。

电容三点式振荡器的反馈信号取自电容 C_2 两端，因为电容对高次谐波呈现较小的容抗，反馈信号中高次谐波分量小，故振荡输出波形好。但当通过改变 C_1 或 C_2 来调节振荡频率时，同时会改变正反馈量的大小，因而会使输出信号幅度发生变化，甚至会使振荡器停振。所以电容三点式振荡电路频率调节很不方便，故适用于频率调节范围不大的场合。

4.2.5 改进型电容三点式振荡器

4.2.5.1 克拉泼振荡器

上述电容三点式振荡电路，由于晶体管极间存在寄生电容，它们均与谐振回路并联，会使振荡频率发生偏移，而且晶体管极间电容的大小会随晶体管工作状态变化而变化，这将引起振荡频率的不稳定。为了减小晶体管极间电容的影响，可采用图 4.2.5（a）所示的克拉泼（Clapp）电路，它为改进型电容三点式振荡电路。与前述电容三点式振荡电路相比较，仅在谐振回路电感支路中增加了一个电容 C_3。其取值比较小，要求 $C_3 \ll C_1$，$C_3 \ll C_2$。

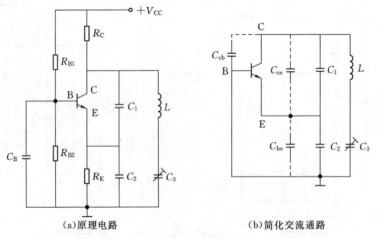

（a）原理电路　　　　　　（b）简化交流通路

图 4.2.5　克拉泼振荡器

作出图 4.2.5（a）所示电路的简化交流通路（不考虑电阻），如图 4.2.5（b）所示，图中 C_{ce}、C_{be}、C_{cb} 分别为晶体管 C、E 和 B、E 及 C、B 之间的极间电容，它们都并联在 C_1、C_2 上，而不影响 C_3 的值，因此，由图可知谐振回路的总电容量为

$$C \approx \frac{1}{\dfrac{1}{C_1} + \dfrac{1}{C_2} + \dfrac{1}{C_3}} \approx C_3 \qquad (4.2.10)$$

式（4.2.10）中略去了晶体管极间电容的影响，因此，并联谐振回路的谐振频率，即振荡频率 f_0 近似等于

$$f_0 \approx \frac{1}{2\pi\sqrt{LC}} \approx \frac{1}{2\pi\sqrt{LC_3}} \qquad (4.2.11)$$

由此可见，C_1、C_2 对振荡频率的影响显著减小，那么与 C_1、C_2 并接的晶体管极间电容的影响也就很小了，C_3 越小，振荡频率的稳定度就越高。但需指出，为了满足相位平衡条件，L、C_3 串联支路应呈感性，所以实际振荡频率必略高于 L、C_3 支路串联谐振频率。谐振回路中接入 C_3 后，虽然振荡频率稳定度提高了，改变 C_3 反馈系数可保持不变，但谐振回路接入 C_3 后，使晶体管输出端（C、E）与回路的耦合减弱，晶体管的等效负载减小，放大器的放大倍数下降，振荡器输出幅度减小。C_3 越小，放大器倍数越小，如果 C_3 过小，振荡器因不满足振幅起振条件会停止振荡。

4.2.5.2　西勒振荡器

为了克服克拉泼振荡器的缺点，可采用西勒振荡器。图 4.2.6 所示为西勒振荡器的原理图，它与克拉泼振荡器相比，仅在电感 L 上并联了一个可调电容 C_4，用来调整振荡频率，而 C_3 用固定的电容（一般与 C_4 同数量级）。在通常情况下，C_1 和 C_2 都远大于 C_3，所以其振荡频率 f_0 近似为

$$f_0 \approx \frac{1}{2\pi\sqrt{L(C_3 + C_4)}} \qquad (4.2.12)$$

在西勒振荡器中，调节 C_4 可改变西勒振荡器的振荡频率，由于此时 C_3 不变，所以谐振回路反映到晶体管输出端的等效负载变化很缓慢，故调节 C_4 对放大器增益的影响不大，从而可以保证振荡幅度的稳定。

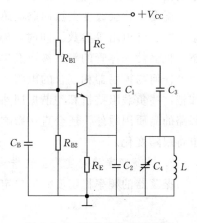

图 4.2.6　西勒振荡器原理图

4.2.6　振荡器的频率稳定和振幅稳定

一个振荡器除了它的输出信号要满足一定的频率和幅度外，还必须保证输出信号频率和幅度的稳定，频率稳定度和幅度稳定度是振荡器两个重要的性能指标，而频率稳定度尤为重要。

4.2.6.1　频率稳定

1. 频率稳定度

频率稳定度的定义是：在规定时间内，规定的温度、湿度、电源电压等变化范围内，振荡频率的相对变化量。如振荡器的标称频率为 f_0，实际频率为 f，则绝对误差 Δf 为

$$\Delta f = f - f_0 \tag{4.2.13}$$

Δf 也称为绝对频率准确度。因此频率稳定度可表示为

$$\frac{\Delta f}{f_0} = \frac{f - f_0}{f_0} \tag{4.2.14}$$

通常测量频率准确度时要反复多次进行，Δf 取多次测量中的最大值。Δf 越小，频率稳定度就越高。

根据所规定时间长短不同，频率稳定度有长期、短期和瞬时之分。长期稳定度一般指一天以上乃至几个月内振荡频率的相对变化量，它主要取决于元器件的老化特性；短期频率稳定度一般指一天以内振荡频率的相对变化量，它主要决定于温度、电源电压等外界因素的变化；瞬时频率稳定度是指秒或毫秒内振荡频率的相对变化量，这是一种随机变化，这些变化均由电路内部噪声或各种突发性干扰所引起。

通常所讲的频率稳定度一般指短期频率稳定度。对振荡器频率稳定度的要求视振荡器的用途不同而不同，例如，用于中波广播电台发射机的频率稳定度为 10^{-5} 数量级，电视发射机的为 10^{-7} 数量级，普通信号发生器的为 $10^{-3} \sim 10^{-5}$ 数量级，作为频率标准振荡器的则要求达到 $10^{-8} \sim 10^{-9}$ 数量级。

2. 导致振荡频率不稳定的原因

由前面分析知道，LC 振荡器振荡频率主要取决于谐振回路的参数，也与其他电路元器件参数有关。由于振荡器使用中，不可避免地会受到各种外界因素的影响，使得这些参数发生变化，导致振荡频率不稳定。这些外界因数主要有温度、电源电压以及负载变化等。

温度变化会改变谐振回路电感线圈的电感量和电容器的电容量，也会直接改变晶体管结电容、结电阻等参数。同时，温度和电源电压的变化会影响晶体管的工作点及工作状态，也会使晶体管的等效参数发生变化，使谐振回路谐振频率、品质因数发生变化。

任何与振荡器相耦合的电路，它们都会吸取振荡器的振荡功率，成为振荡器的负载。如把这些负载阻抗折算到谐振回路之中，成为谐振回路参数的一部分，它们除了降低谐振回路的品质因数外，还会直接影响回路的谐振频率，所以，当负载变化时，振荡频率必然也将跟随变化。

3. 提高频率稳定度的主要措施

振荡器的频率稳定度好坏决定于振荡电路的稳频性能。LC 振荡器中稳频性能主要是利用 LC 谐振回路的相频特性来实现的。根据分析，在振荡频率上，回路相频特性的变化率越大，其稳频效果就越好。LC 并联谐振回路的相频特性如图 4.2.7 所示，由图可见，当振荡频率越接近回路谐振频率时，回路的品质因数越高，相频特性的变化率就越高。因此，为了提高振荡器的频率稳定度，一方面应选用高质量的电感、电容构成谐振回路，使回路有较高的品质因数，其次在电路设计时，应力求使电路的振荡频率接近于回路的谐振频率。

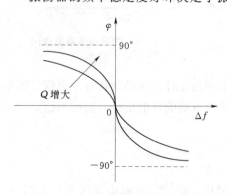

图 4.2.7 谐振回路相频特性曲线

根据上述讨论可知，引起频率不稳定的原因是外界因素的变化。但是引起频率不稳定的内因则是决定振荡频率的谐振回路对外因变化的敏感性，因此欲提高振荡频率的稳定度，可以从两方面入手：

（1）减小外界因素的变化。减小外界因素变化的措施很多，例如，可将决定振荡频率的主要元件或整个振荡器置于恒温槽中，以减小温度的变化；采用高稳定度直流稳压电源来减小电源电压的变化；采用金属屏蔽罩减小外界电磁场的影响；采用减振器可减小机械振动，采用密封工艺来减小大气压力和湿度的变化，从而减小可能发生的元件参数变化；在负载和振荡器之间加一级射极跟随器作为缓冲可减小负载的变化等。

（2）提高谐振回路的标准性。谐振回路在外界因素变化时，保持其谐振频率不变的能力称为谐振回路的标准性。回路标准性越高，频率稳定度就好。由于振荡器中谐振回路的总电感包括回路电感和反映到回路的引线电感；回路的总电容包括回路电容和反映到回路中的晶体管极间电容和其他分布杂散电容。因此，欲提高谐振回路的标准性可用以下措施：

1）采用参数稳定的回路电感器和电容器；采用温度补偿法，即在谐振回路中选用合适的具有不同温度系数的电感和电容（一般电感具有正温度系数，电容器温度系数有正，有负），从而使因温度变化引起的电感和电容值的变化互相抵消，可使回路谐振频率的变化减小。

2）改进安装工艺，缩短引线，加强引线机械强度。元件和引线安装牢固，可减小分布电容和分布电感及其变化量。

3）增加回路总电容量，减小晶体管与谐振回路之间的耦合，均能有效减小晶体管极间电容在总电容中的比重，也可有效地减小管子输入和输出电阻以及它们的变化量对谐振回路的影响。前述改进型电容三点式振荡电路就是按这一思路设计出来的高频率稳定度振荡器。但在一定的频率下，增加回路总电容势必减小回路电感，电感量过小，反而不利于频率稳定度的提高。

4.2.6.2　振幅稳定

振荡器在外界因素的影响下，输出电压将会发生波动。为了维持输出电压的稳定，振荡器应具有自动稳幅性能，即当输出电压增大时，振荡器的环路增益 AF 应自动减小，迫使输出电压下降，反之亦然。为了衡量振荡器稳幅性能的好坏，常引用振幅稳定度这一性能指标。它定义为：在规定的条件下，输出信号幅度的相对变化量。如振荡器输出电压标称值为 U_o，实际输出电压与标称值之差为 ΔU，则振幅稳定度为 $\Delta U/U_o$。

由前面振荡器工作原理讨论可知，振荡器的稳幅性能是利用放大器件工作于非线性区来实现的，把这种稳幅方法称为内稳幅。另外，在振荡电路中使放大器保持为线性工作状态，而另外接入非线性环节进行稳幅，称为外稳幅。

内稳幅效果与晶体管的静态起始工作状态、自给偏压效应以及起振时 AF 的大小有关。静态工作点电流越小，起振时 AF 越大，自给偏压效应越灵敏，稳幅效果也就越好，但振荡波形的失真也会越大。

采用高稳定的直流稳压电源供电，减小负载与振荡器的耦合，也是提高输出幅度稳定度的重要措施。

任务 4.3 其他类型振荡器

任务描述

石英晶体振荡器具有更好的频率稳定度，RC 振荡器适用于低频振荡，负阻正弦波振荡器在超高频段得到广泛应用。了解其他类型振荡器，为实际电路设计提供更多选择。

任务目标

- 了解石英晶体振荡器的特性及电路。
- 了解 RC 正弦波振荡器的电路及工作原理。
- 了解负阻正弦波振荡器的特性及电路。

4.3.1 石英晶体振荡器

在 LC 振荡器中，尽管采取了各种稳频措施，但实践证明，它的频率稳定度一般很难突破 10^{-5} 数量级。为了进一步提高振荡频率的稳定度，可采用石英谐振器作为选频网络，构成晶体振荡器，其频率稳定度一般可达 $10^{-6} \sim 10^{-8}$ 数量级，甚至更高。

4.3.1.1 石英谐振器及其特性

石英是一种各向异性的结晶体，其化学成分是二氧化硅（SiO_2）。从一块晶体上按一定的方位角切割成的薄片称为晶片，它的形状可以是正方形、矩形或圆形，然后在晶片的两面涂上银层作为电极，电极上焊出两根引线固定在管脚上，就构成了石英晶体谐振器，如图 4.3.1 所示，一般用金属或玻璃外壳密封。晶片的特性与其切割的方位角有关。

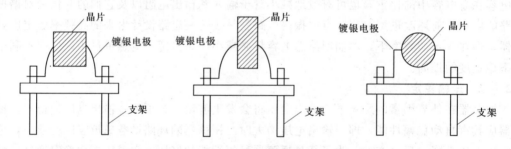

图 4.3.1 石英谐振器的内部结构

石英晶片之所以能做成谐振器，是基于它具有压电效应。当交变电压加于石英晶片时，石英晶片将会随交变电压的频率产生周期性的机械振动，同时，机械振动又会在两个电极上产生交变电荷，并形成交变电流。当外加交变电压的频率与石英晶片的固有振动频率相等时，晶片便发生共振，此时晶片的机械振动最强，晶片两面的电荷数量和其间的交变电流也最大，产生了类似于 LC 回路中的串联谐振现象，这种现象称为石英晶体的压电谐振。为此，晶片的固有机械振动频率又称为谐振频率，其值与晶片的几何尺寸有关，具有很高的稳定性。

石英晶体谐振器在电路中的符号如图 4.3.2（a）所示，其电等效电路如图 4.3.2（b）所示。图 4.3.2（b）中 C_0 是晶片的静态电容，它相当于一个平板电容，即由晶片作为介质，镀银电极和支架引线作为极板所构成的电容，它的大小与晶片的几何尺寸和电极的面积有关，一般在几个皮法到十几个皮法之间。L_q 和 C_q 分别为晶片振动时的等效动态电感和电容，而 r_q 等效为晶片振荡时的摩擦损耗。晶片的等效电感 L_q 很大，约几十到几百毫亨，而动态电容 C_q 很小，约百分之几皮法，r_q 的数值从几欧到几百欧，所以，石英晶片的品质因数 Q 值很高，一般可达 10^5 数量级以上。又由于石英晶片的机械性能十分稳定，因此，用石英谐振器作为选频网络构成振荡器就会有很高的回路标准性，因而有很高的频率稳定度。

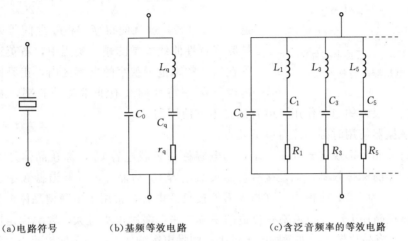

(a)电路符号　　　　(b)基频等效电路　　　　　　(c)含泛音频率的等效电路

图 4.3.2　石英谐振器电路符号及等效电路

在外加交变电压的作用下，晶片产生机械振动，其中除了基频的机械振动外，还有许多奇次（三次、五次、……）频率的机械振动，这些机械振动（谐波）统称为泛音。晶片不同频率的机械振动，可以分别用一个 LC 串联谐振回路来等效，如图 4.3.2（c）所示。利用晶片的基频可以得到较强的振荡，但在振荡频率很高时，晶片的厚度会变得很薄。薄的晶片加工困难，使用中也容易损坏，所以如果需要的振荡频率较高，建议使用晶体的泛音频率，以使晶片的厚度可以增加。利用基频振动称为基频晶体，利用泛音振动称为泛音晶体，泛音晶体广泛应用三次和五次的泛音振动。

若略去等效电阻 r_q 的影响，可定性地作出图 4.3.2（b）所示等效电路的电抗频率特性曲线。当加在回路两端的信号频率很低时，两个支路的容抗都很大，因此电路总的等效阻抗呈容性；信号频率增加，容抗减小，当 C_q 的容抗与 L_q 感抗相等时，C_q、L_q 支路发生串联谐振，回路总电抗 $X=0$，此时的频率用 f_s 表示，称为晶片的串联谐振频率；当频率继续升高时，L_q、C_q 串联支路呈感性，当感抗增加到刚好和 C_0 的容抗相等时，回路产生并联谐振，回路总电抗趋于无穷大，此时的频率用 f_p 表示，称为晶片的并联谐振频率，当 $f > f_p$ 时，C_0 支路的容抗减小，对回路的分流起主要作用，回路总的电抗又呈容性。由此可以得到图 4.3.3 所示石英谐振器的电抗频率特性曲线。

由此可见，石英谐振器具有两个谐振频率，一个是 L_q、C_q、r_q 支路的串联谐振频率

$$f_s = \frac{1}{2\pi \sqrt{L_q C_q}} \tag{4.3.1}$$

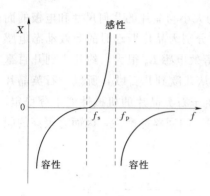

图 4.3.3　石英谐振器的
电抗频率特性曲线

另一个是由 L_q、C_q 和 C_0 构成的并联回路的谐振频率

$$f_p = \frac{1}{2\pi\sqrt{L_q\dfrac{C_0 C_q}{C_0 + C_q}}} = f_s\sqrt{1+\frac{C_q}{C_0}} \quad (4.3.2)$$

因 $C_0 \gg C_q$，即 $C_q/C_0 \ll 1$，说明两个谐振频率 f_p、f_s 相差很小，其相对频差为

$$\frac{f_p - f_s}{f_s} = \sqrt{1+\frac{C_q}{C_0}} - 1 \approx \frac{C_q}{2C_0} \quad (4.3.3)$$

通常小于 1%，这就使得 f_s 与 f_p 之间等效电感的电抗频率特性曲线非常陡峭。实用中，石英谐振器就工作在这一频率范围狭窄的电感区内，正是因为电感区内电抗频率特性曲线有非常陡的斜率，有很高的 Q 值，从而具有很强的稳频作用，电容区是不宜使用的。

石英谐振器使用时必须注意以下几点：

（1）石英晶片都规定要外接一定量的电容称为负载电容 C_L，标在晶体外壳上的振荡频率（称晶体的标称频率）就是接有规定负载电容 C_L 后晶片的并联谐振频率。通常对于高频晶体，C_L 为 30pF 或标为 ∞（指无需外接负载电容，常用于串联型晶体振荡器）。

（2）石英晶片工作时必须要有合适的激励电平。激励电平过大，频率稳定度会显著变坏，甚至可能将晶片振坏；如激励电平过小，则噪声影响加大，振荡输出减小，甚至可能停振。所以在振荡器中必须注意不超过晶片的额定激励电平，并尽量保持激励电平的稳定。

4.3.1.2　石英晶体振荡器

用石英晶体构成的正弦波振荡器基本电路有两类，一类是石英晶体作为高 Q 电感元件与回路中的其他元件形成并联谐振，称为并联型晶体振荡器；另一类是石英晶体工作在串联谐振状态，作为高选择性短路元件，称为串联型晶体振荡器。

1. 并联型晶体振荡器

图 4.3.4 所示为并联型晶体振荡器的原理电路及其交流通路。由图 4.3.4 可见，石英晶体与外部电容 C_1、C_2、C_3 构成并联谐振回路，它在回路中起电感作用，构成改进型电容三点式 LC 振荡器，该电路称为皮尔斯（Pirece）晶体振荡器。电路中 C_3 用来微调电路的振荡频率，使振荡器振荡在石英晶体的标称频率上，C_1、C_2、C_3 串联组成石英晶体的负载电容 C_L。

图 4.3.5（a）所示是泛音晶体振荡电路的交流通路，图中用 L_1、C_1 并联谐振回路代替三点式振荡电路中的 X_1，根据三点式振荡器组成法则，该谐振回路应呈容性。设电路中石英晶体工作在五次泛音频率上，标称频率为 50MHz，为了抑制基频和三次泛音的寄生振荡，$L_1 C_1$ 谐振回路应调谐在三次和五次泛音频率之间，即 30～50MHz 之间，例如 35MHz。根据图 4.3.5（b）所示 $L_1 C_1$ 谐振回路的电抗频率特性曲线可知，对于五次泛音频率 50MHz，$L_1 C_1$ 回路呈容性，电路满足振荡的相位平衡条件，可以产生振荡。对于基频和三次泛音来说，$L_1 C_1$ 回路呈感性，电路不符合三点式振荡电路的组成法则，不能产生振荡。至于七次和七次以上的泛音，虽然 $L_1 C_1$ 回路也呈容性，但因此时等效电容过大，振幅起振条件无法满足，也不能产生振荡。

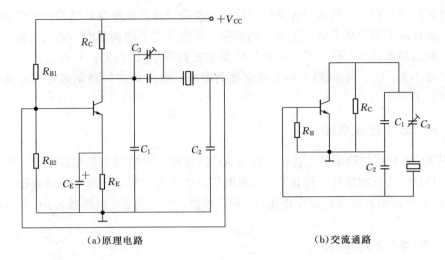

　　(a)原理电路　　　　　　　　　　　(b)交流通路

图 4.3.4　并联型晶体振荡器

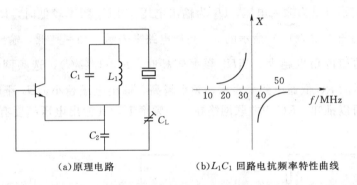

(a)原理电路　　　　　　(b)L_1C_1 回路电抗频率特性曲线

图 4.3.5　泛音晶体振荡器

2. 串联型晶体振荡器

　　图 4.3.6（a）所示为串联型晶体振荡器的原理电路，图中石英晶体串接在正反馈通路内。由图 4.3.6（b）所示交流通路可见，将石英晶体短接，就构成了电容三点式振荡电路。当反馈信号的频率等于石英晶体串联谐振频率时，石英晶体阻抗最小，且为纯电

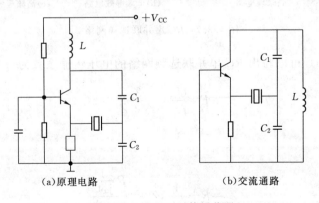

　　(a)原理电路　　　　　　　　(b)交流通路

图 4.3.6　串联型晶体振荡器

阻，此时正反馈最强，电路满足振荡的相位和幅度条件而产生振荡，当偏离串联谐振频率时，石英晶体阻抗迅速增大并产生较大的相移，振荡条件不能满足而不能产生振荡。由此可见，这种振荡器的振荡频率受石英晶体串联谐振频率 f_s 的控制，具有很高的频率稳定度。为了减小 L、C_1、C_2 回路对频率稳定度的影响，要求将该回路调谐在石英晶体的串联谐振频率上。

4.3.2　RC 正弦波振荡器

采用 RC 选频网络构成的振荡器，称为 RC 振荡器，它适用于低频振荡，一般用于产生 $1\text{Hz}\sim1\text{MHz}$ 的低频信号，但是 RC 选频网络的选频作用比 LC 谐振回路差很多，所以 RC 振荡器输出波形和频率稳定度都比 LC 振荡器差。常用的 RC 振荡器为 RC 桥式振荡电路。

4.3.2.1　RC 串并联选频网络

由 RC 组成的串并联选频网络如图 4.3.7（a）所示，Z_1 为 RC 串联电路阻抗，Z_2 为 RC 并联电路阻抗，$\dot{U}_1$ 为输入电压，$\dot{U}_2$ 为输出电压。当 $\dot{U}_1$ 频率较低时，$R\ll1/(\omega C)$，选频网络可近似用图 4.3.7（b）所示的 RC 高通电路来表示，频率越低，输出电压 $\dot{U}_2$ 越小，$\dot{U}_2$ 超前于 $\dot{U}_1$ 的相位角也越大；当 $\dot{U}_1$ 频率较高时，$R\gg1/(\omega C)$，选频网络可近似用图 4.3.7（c）所示的 RC 低通电路来表示，频率越高，输出电压越小，$\dot{U}_2$ 滞后 $\dot{U}_1$ 的相位角也越大。由此可以推知，RC 串并联网络在某一频率上，其输出电压幅度有最大值，相位角等于 $0°$。

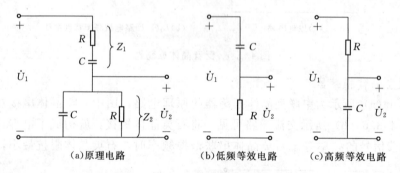

（a）原理电路　　　　　（b）低频等效电路　　　　　（c）高频等效电路

图 4.3.7　RC 串并联选频网络

由图 4.3.7（a）可以写出 RC 串并联选频网络的电压传输系数为

$$\dot{F}=\frac{\dot{U}_2}{\dot{U}_1}=\frac{Z_2}{Z_1+Z_2} \tag{4.3.4}$$

其中

$$Z_1=R+\frac{1}{\mathrm{j}\omega C},\ Z_2=\frac{R\dfrac{1}{\mathrm{j}\omega C}}{R+\dfrac{1}{\mathrm{j}\omega C}}$$

经整理，得

$$\dot{F} = \frac{1}{3 + j\left(\omega RC - \dfrac{1}{\omega RC}\right)} \tag{4.3.5}$$

令 $\omega_0 = 1/(RC)$，则上式可化简为

$$\dot{F} = \frac{1}{3 + j\left(\dfrac{\omega}{\omega_0} - \dfrac{\omega_0}{\omega}\right)} \tag{4.3.6}$$

由此可得 RC 串并联选频网络的幅频特性和相频特性为

$$\left.\begin{array}{l} F = \dfrac{1}{\sqrt{3^2 + \left(\dfrac{\omega}{\omega_0} - \dfrac{\omega_0}{\omega}\right)^2}} \\[4mm] \varphi_f = -\arctan\left[\dfrac{\dfrac{\omega}{\omega_0} - \dfrac{\omega_0}{\omega}}{3}\right] \end{array}\right\} \tag{4.3.7}$$

由此作出的幅频特性曲线和相频特性曲线如图4.3.8所示，由图可见，当 $\omega = \omega_0$ 时，F 达最大值，并等于 $1/3$，相位角 $\varphi_f = 0°$，即输出电压的振幅等于输入电压振幅的 $1/3$，输出电压与输入电压同相位，所以 RC 串并联网络具有选频作用。

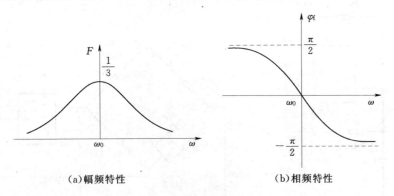

(a)幅频特性　　　　　　　　(b)相频特性

图4.3.8　RC 串并联网络的频率特性

4.3.2.2　RC 桥式振荡器

RC 桥式振荡电路如图4.3.9（a）所示，它由集成运算放大器、RC 串并联正反馈选频网络和负反馈电路组成。

由于 RC 选频网络在 $\omega = \omega_0$ 时，$F = 1/3$，$\varphi_f = 0°$，因此，只要放大器的放大倍数 $A > 3$，$\varphi_a = 2n\pi$（$n = 0，1，2，\cdots$），就能使电路满足自激振荡的振幅和相位起振条件，产生自激振荡。

振荡器的振荡频率取决于 RC 串并联选频网络的参数。由 $\omega_0 = 1/(RC)$，可求得振荡频率为

$$f_0 = \frac{1}{2\pi RC} \tag{4.3.8}$$

由于集成运放构成同相放大，所以输出电压 $\dot{U}_o$ 与输入电压 $\dot{U}_i$ 同相，满足振荡的相位条件。另外，由运放基本理论可知，同相放大的闭环增益为 $A=1+(R_2/R_1)$。可见，只要 $R_2>2R_1$，振荡电路就能满足振荡的幅度起振条件。从原理上来说，为了使振荡器容易起振，要求 $R_2\gg R_1$，即 $A\gg3$。不过这样电路会形成很强的正反馈，振荡幅度增长很快，致使运放工作进入很深的非线性区域后，方能使电路满足振荡平衡条件 $AF=1$，建立起稳定的振荡。由于 RC 串并联网络的选频作用较差，当放大器进入非线性区域后，振荡波形将会产生严重的失真。所以，为了改善输出电压波形，又能限制振荡幅度的增长，实用电路中 R_2 采用负温度系数的热敏电阻（温度升高电阻值减小）。起振时由于输出电压 $\dot{U}_o$ 比较小，流过热敏电阻 R_2 的电流 $\dot{I}_f$ 很小，其阻值很大，使 R_1 产生的负反馈作用很弱，放大器的增益比较高，振荡幅度增长很快，从而有利于振荡的建立。随着振荡的增强，$\dot{U}_o$ 增大，流经 R_2 的电流 i_f 增大，其阻值减小，R_1 的负反馈作用增强，放大器的增益下降，振荡幅度的增长受到限制。适当选取 R_1、R_2 的阻值及 R_2 的温度特性，就可以使振荡幅度限制在放大器的线性区内，振荡波形为一正弦波，且幅度稳定。

把 RC 串并联正反馈网络中的 Z_1、Z_2 和负反馈电路中的 R_1、R_2 改画成图 4.3.9 （b）所示电路，可见它们构成了文氏电桥电路，放大器的输入端和输出端分别接到电桥的两对角线上，所以把这种 RC 振荡器称为文氏电桥振荡器，简称桥式振荡器。

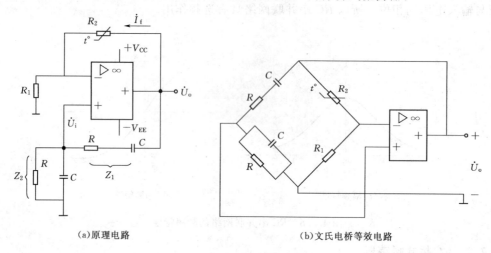

（a）原理电路　　　　　　　　　（b）文氏电桥等效电路

图 4.3.9　RC 桥式振荡器

4.3.3　负阻正弦波振荡器

负阻正弦波振荡器是由负阻器件和 LC 谐振回路组成，它在 100MHz 以上的超高频段得到广泛的应用。目前它的振荡频率已扩展到几十吉赫。

4.3.3.1　负阻器件的伏安特性

具有负增量电阻特性的电子器件称为负阻器件，它可以分为电压控制型和电流控制型两类，其伏安特性分别示于图 4.3.10 中。它们的共同特点是：特性曲线中间 AB 段的斜率值为负，即在该区域内，器件的增量电阻为负值。对于图 4.3.10 （a）所示伏安特性曲线，同一个电流值可以对应一个以上的电压值，但一个电压值只对应一个电流值，把具有这种特性的负阻器件称为电压控制型负阻器件，意思是只要确定了电压值，器件的工作点便可确定下来。对于图 4.3.10（b）所示伏安特性曲线，同一个电压值可以对应一个以上的电流值，但一个电流值只对应一个电压值，把具有这种特性的负阻器件称为电流控制型负阻器件，意思是只要确定了电流值，器件的工作点便可确定下来。实用中，隧道二极管具有电压控制型负阻器件特性，单结晶体管、雪崩管等具有电流控制型负阻器件特性。

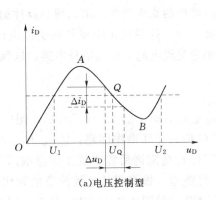
（a）电压控制型

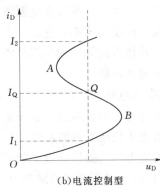
（b）电流控制型

图 4.3.10　负阻器件的伏安特性

由图 4.3.10（a）可见，在负阻区内 Q 点处，电压有一正增量 Δu_D，其对应的电流增量 Δi_D 为负值，所以，该点处的增量电阻为负值，现用 $-r_n$ 表示增量电阻（负号表示负电阻），因此可得

$$r_n = -\frac{\Delta u_D}{\Delta i_D} = \frac{1}{g_n} \qquad (4.3.9)$$

式中：g_n 为 r_n 的倒数，称为负电导。

如果在图 4.3.10（a）所示负阻区内工作点电压 U_Q 上叠加一幅度很小的正弦电压 $u = U_m \sin(\omega t)$，在负阻特性线性化后，流过负阻器件的交流电流 i 也是正弦波，电压、电流对应波形如图 4.3.11 所示，由图可见，电压、电流的相位相反，即

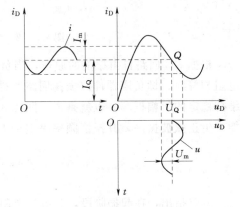

$$i = \frac{u}{-r_n} = \frac{U_m}{-r_n}\sin(\omega t) = -I_m \sin(\omega t) \qquad (4.3.10)$$

其中

$$I_m = \frac{U_m}{r_n} = g_n U_m$$

式中：I_m 为电流振幅。

图 4.3.11　负阻输出交流功率

由图 4.3.11 可见，作用于器件上的合成电压和电流分别为

$$\left.\begin{array}{l} u_D = U_Q + u = U_Q + U_m\sin(\omega t) \\ i_D = I_Q + i = I_Q - I_m\sin(\omega t) \end{array}\right\} \qquad (4.3.11)$$

则器件消耗的平均功率

$$P = \frac{1}{T}\int_0^T p\,\mathrm{d}t = \frac{1}{T}\int_0^T u_D i_D\,\mathrm{d}t \qquad (4.3.12)$$

将式（4.3.11）代入式（4.3.12），则得

$$P = U_Q I_Q - \frac{1}{2}U_m I_m \qquad (4.3.13)$$

式（4.3.13）中右边第一项是直流电源供给器件的直流功率，第二项是器件加上交流电压后形成交流电流所产生的功率，它是一个负功率。这说明负阻器件在交流电压的作用下，能把从直流电源获得直流能量的一部分转变为交流电能，传送给外电路，这就是负阻器件能构成负阻振荡器的基础。

4.3.3.2　负阻振荡电路

由隧道二极管构成的负阻正弦波振荡器电路如图 4.3.12（a）所示，图中，V 为隧道二极管，它具有电压控制型负阻特性，L、C 构成并联谐振回路，V_{DD}、R_1、R_2 构成隧道二极管的直流偏置电路，提供隧道二极管工作在负阻区所需直流工作点电压，C_1 是高频旁路电容，用以对 R_2 产生交流旁路作用。将隧道二极管用其等效的负电导代替，并考虑到其极间电容 C_d 的影响，可画出交流等效电路，如图 4.3.12（b）所示，图中 $G_e = G_p + G_L$，G_p 为 LC 谐振回路的固有谐振电导，$G_L = 1/R_L$ 为负载电导。

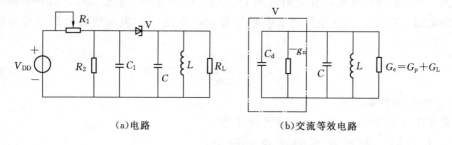

（a）电路　　　　　　　　　　　　（b）交流等效电路

图 4.3.12　隧道二极管负阻振荡器

根据 LC 回路自由振荡的原理，当负阻器件所呈现的负阻与 LC 振荡回路的等效损耗电阻相等时，即负阻器件向振荡回路所提供的能量恰好补偿回路的能量损耗时，电路就能维持稳定的等幅振荡。也就是说，图 4.3.12（b）中当正电导 G_e 与负电导 g_n 相等时，就能产生正弦波振荡，其振荡频率决定于 LC 谐振回路的参数，即

$$f_0 \approx \frac{1}{2\pi\sqrt{L(C + C_d)}} \qquad (4.3.14)$$

需要指出，在起振阶段，只有当负阻器件向 LC 回路"提供"的交流能量大于回路消耗的能量时，振荡回路中才能产生增幅振荡。

项 目 小 结

反馈正弦波振荡器主要由放大器、反馈网络、选频网络和稳幅环节等组成。根据选频

网络的不同，反馈正弦波振荡器可分为 LC 振荡器、RC 振荡器和石英晶体振荡器。

反馈正弦波振荡器是利用选频网络，通过正反馈产生自激振荡的，它的振荡相位平衡条件为 $\varphi_a + \varphi_f = 2n\pi (n=0, 1, 2, \cdots)$，利用相位条件可确定振荡频率；振幅平衡条件为 $|\dot{A}\dot{F}| = 1$，利用振幅平衡条件可确定振荡幅度。振荡的起振条件为 $\varphi_a + \varphi_f = 2n\pi$（$n=0$, $1, 2, \cdots$），$|\dot{A}\dot{F}| > 1$。

LC 振荡器可分为变压器反馈振荡器、电容三点式振荡器和电感三点式振荡器。LC 振荡器的振荡频率 f_0 主要取决于 LC 谐振回路的谐振频率，即 $f_0 \approx \dfrac{1}{2\pi\sqrt{LC}}$。由于改进型电容三点式振荡器减弱了晶体管与谐振回路的耦合，因此，其频率稳定度比一般的 LC 振荡器要高，常见的有克拉泼振荡器和西勒振荡器两种类型。

LC 振荡器中频率稳定度与 LC 谐振回路参数的稳定性密切相关，也与电路其他元器件参数的稳定性有关。提高频率稳定度的基本措施是，尽量减小外界因素的变化，努力提高谐振回路的标准性。

当要求振荡器具有较高的频率稳定性时，常采用石英晶体振荡器。石英晶体振荡器具有频率稳定度高的原因是由于晶体的 Q 值极高、接入系数极小和它相当于一个特殊电感等。石英晶体振荡器有串联型和并联型两种。

RC 振荡器的振荡频率较低。常用的 RC 振荡器是文氏电桥振荡器，其振荡频率 $f_0 = 1/(2\pi RC)$，只取决于 R、C 的数值。

负阻正弦波振荡器由负阻器件和 LC 谐振回路组成。在这种电路中，负阻器件所起的作用相当于反馈振荡器中正反馈的作用，振荡频率取决于 LC 谐振回路。由于负阻器件有电压控制型和电流控制型，用它们构成振荡器时，电路连接方式是不相同的。

项 目 考 核

《通信电子线路》项目考核表

考核日期：   表号：考核 4－1

班级		学号		姓名	

项目名称：掌握正弦波振荡器电路

1. 填空题

(1) 正弦波振荡器的作用是_____，它的主要技术指标有_____、_____。

(2) 反馈型正弦波振荡器的平衡条件是_____。

(3) 反馈型正弦波振荡器主要由_____、_____、_____等部分组成。

(4) 三点式振荡电路的组成原则是_____、_____。

(5) 石英晶体具有_____效应，用它制成的石英谐振器有_____的品质因素和很高的标准性，因此石英晶体振荡器的_____很高。

班级		学号		姓名	

项目名称：掌握正弦波振荡器电路

2. 分析图 P4.1 所示电路，标明二次线圈的同名端，使之满足相位平衡条件，并求出振荡频率。

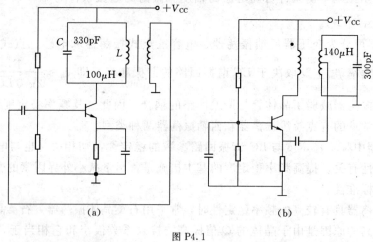

(a)   (b)

图 P4.1

3. 根据振荡的相位平衡条件，判断图 P4.2 所示电路能否产生振荡。在能产生振荡的电路中，求出振荡频率的大小。

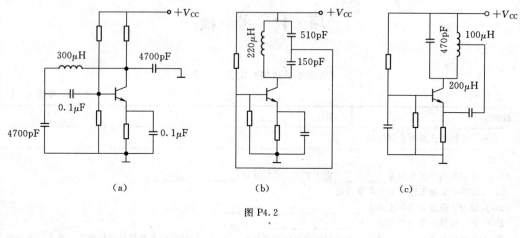

（a）   （b）   （c）

图 P4.2

班级		学号		姓名	

项目名称：掌握正弦波振荡器电路

4. 振荡电路如图 P4.3 所示，它是什么类型的振荡器？有何优点？计算它的振荡频率。

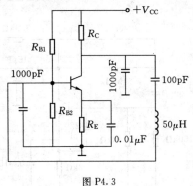

图 P4.3

5. 分析图 P4.4 所示各振荡电路，画出交流通路，计算振荡频率，并说明电路特点。

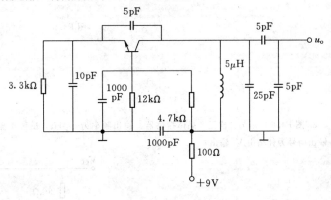

图 P4.4

6. 若石英晶片的参数为：$L_q = 4H$，$C_q = 6.3 \times 10^{-3} pF$，$C_0 = 2pF$，$r_q = 100\Omega$，试求：（1）串联谐振频率 f_s；（2）并联谐振频率 f_p 与 f_s 相差多少？（3）晶体的品质因数 Q 和等效并联谐振电阻为多大？

班级		学号		姓名	

项目名称：掌握正弦波振荡器电路

7. 画出图 P4.5 所示各晶体振荡器的交流通路，并指出电路类型。

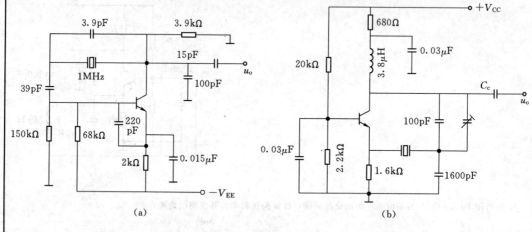

图 P4.5

8. 图 P4.6 所示为三次泛音晶体振荡器，输出频率为 5MHz，试画出振荡器的交流通路，说明 LC 回路的作用，输出信号为什么由 V_2 输出？

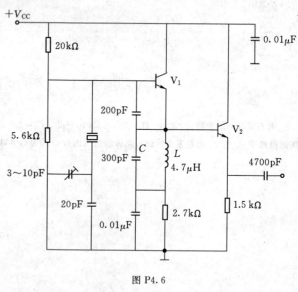

图 P4.6

班级		学号		姓名	

项目名称：掌握正弦波振荡器电路

9. 已知 RC 振荡电路如图 P4.7 所示：（1）说明 R_1 应具有怎样的温度系数和如何选择其冷态电阻；（2）求振荡频率 f_0。

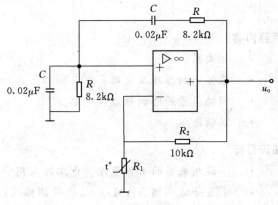

图 P4.7

项目 5　振幅调制、解调与混频电路

项目内容

- 相乘器。
- 振幅调制原理及电路。
- 调幅信号的解调原理及电路。
- 混频电路。

知识目标

- 了解相乘器的工作原理、电路及应用。
- 掌握普通调幅（AM）、双边带调幅（DSB）、单边带调幅（SSB）原理及振幅调制电路。
- 掌握调幅信号的解调原理及电路。
- 了解混频电路。

能力目标

- 能分析相乘器、振幅调制电路、解调电路和混频电路的参数及特性。
- 能设计振幅调制、解调电路。

任务 5.1　相　乘　器

任务描述

相乘器是频谱搬移电路的重要组成部分。本任务讨论了目前在通信设备和其他电子设备中广泛采用的二极管环形相乘器和双差分对集成模拟相乘器，它们利用电路的对称性进一步减少了无用组合频率分量而获得理想的相乘结果。

任务目标

- 了解相乘器的工作原理、电路及应用。

5.1.1　相乘器及其频率变换作用

相乘器是一种完成两个模拟信号相乘功能的电路或器件，其电路符号如图 5.1.1 所示。它有两个输入端口（X 和 Y）和一个输出端口，若输入信号为 u_X 和 u_Y，则输出信号 u_O 为

$$u_O = A_M u_X u_Y \tag{5.1.1}$$

式中：A_M 为相乘器的增益系数，V^{-1}。

式（5.1.1）表示一个理想相乘器，其输出电压与两个输入电压同一时刻瞬时值的乘

积成正比，而且输入电压的波形、幅度、极性和频率可以是任意的，因而又将这种相乘器称为四象限相乘器。

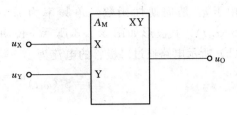

图 5.1.1 相乘器电路符号

对于一个理想的相乘器，当 u_X、u_Y 中有一个或两个都为零时，u_O 为零；当任一输入电压为恒值时，输出电压与另一输入电压之间呈线性关系，即

或

$$u_O = (A_M u_X) u_Y \Big\}$$
$$u_O = (A_M u_Y) u_X \Big\}$$

(5.1.2)

这时相乘器相当于一个线性放大器。

设图 5.1.1 中，$u_X = U_{xm} \cos(\omega_x t)$，$u_Y = U_{ym} \cos(\omega_y t)$，则相乘器的输出电压 u_O 等于

$$u_O = A_M u_X u_Y = A_M U_{xm} U_{ym} \cos(\omega_x t) \cos(\omega_y t)$$

$$= \frac{1}{2} A_M U_{xm} U_{ym} \{ \cos[(\omega_x + \omega_y)t] + \cos[(\omega_x - \omega_y)t] \}$$

(5.1.3)

式 (5.1.3) 说明，相乘器输出电压中既无 ω_x 分量，也无 ω_y 分量，反而出现了两个新的频率分量，即和频 $\omega_x + \omega_y$ 和差频 $\omega_x - \omega_y$。可见，相乘器是一个非线性器件，具有频率变换作用。目前通信技术中，广泛采用二极管平衡相乘器或由晶体管构成的双差分对模拟相乘器。

5.1.2 相乘器电路及应用

5.1.2.1 二极管双平衡相乘器

1. 开关工作状态

二极管电路如图 5.1.2 (a) 所示，图中 $u_1 = U_{1m} \cos(\omega_1 t)$，$u_2 = U_{2m} \cos(\omega_2 t)$，当 u_2 为小信号，u_1 足够大，且 $U_{1m} \gg U_{2m}$ 时，在这种情况下，可近似认为二极管仅受 u_1 控制（u_2 的控制作用可忽略），且在 u_1 的作用下轮流工作在导通和截止区。当 $u_1 > 0$ 时二极管导通，导通电阻为 r_D，当 $u_1 < 0$ 时二极管截止，电流 $i = 0$，因此，二极管可以用受 u_1 控制的开关等效，如图 5.1.2 (b) 所示。可见，二极管用受 u_1 控制的开关等效，是线性时变工作状态的一个特例。图 5.1.2 (b) 中，$S_1(u_1)$ 是受 u_1 控制的单向开关函数，即

$$S_1(u_1) = \begin{cases} 1 & u_1 > 0 \text{ 时} \\ 0 & u_1 \leqslant 0 \text{ 时} \end{cases}$$

(5.1.4)

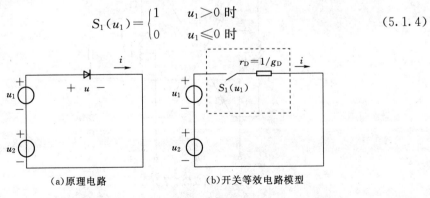

(a) 原理电路   (b) 开关等效电路模型

图 5.1.2 二极管开关工作状态

由于 u_1 是周期性函数，角频率为 ω_1，因而 $S_1(u_1)$ 亦为周期性函数，将它表示为 $S_1(\omega_1 t)$，其波形如图 5.1.3 所示，说明开关按角频率 ω_1 作周期性关闭。根据图 5.1.2 （b）所示电路通过二极管的电流为

$$i=S_1(\omega_1 t)\frac{u_1+u_2}{r_{\mathrm{D}}}=S_1(\omega_1 t)g_{\mathrm{D}}(u_1+u_2) \tag{5.1.5}$$

其中

$$g_{\mathrm{D}}=\frac{1}{r_{\mathrm{D}}}$$

式中：g_{D} 为二极管的导通电导。

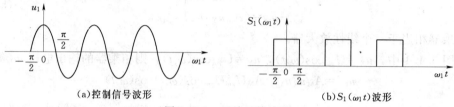

（a）控制信号波形　　　　　　　　　　　（b）$S_1(\omega_1 t)$ 波形

图 5.1.3　开关函数波形

2. 电路组成及工作原理

利用二极管可以构成相乘器，为了减少组合频率分量，以便获得理想的相乘功能，二极管相乘器大都采用双平衡对称电路，并工作在开关状态。图 5.1.4（a）所示就是这种

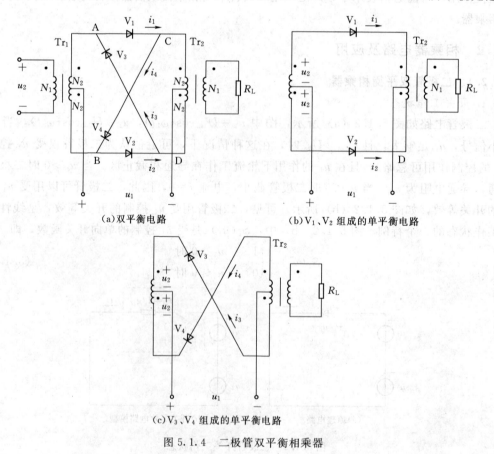

（a）双平衡电路　　　　　　　　　　（b）V_1、V_2 组成的单平衡电路

（c）V_3、V_4 组成的单平衡电路

图 5.1.4　二极管双平衡相乘器

电路的原理图。电路中四个二极管特性相同，变压器 Tr_1 和 Tr_2 均具有中心抽头。为了分析方便，设两只变压器的匝数均为 $N_1 = N_2$。$u_1 = U_{1m}\cos(\omega_1 t)$ 为大信号，使二极管工作在开关状态，$u_2 = U_{2m}\cos(\omega_2 t)$ 为小信号，它对二极管的导通与截止没有影响。

当 u_1 为正半周时，V_1、V_2 导通，V_3、V_4 截止；u_1 为负半周时，V_3、V_4 导通，V_1、V_2 截止。为了便于讨论，可将图 5.1.4（a）电路拆成两个单平衡电路，如图 5.1.4（b）、（c）所示。

略去负载的反作用，由图 5.1.4（b）可得

$$i_1 = g_D S_1(\omega_1 t)(u_1 + u_2)$$
$$i_2 = g_D S_1(\omega_1 t)(u_1 - u_2)$$

因此流过 Tr_2 一次侧的输出电流等于

$$i_1 - i_2 = 2g_D u_2 S_1(\omega_1 t) \tag{5.1.6}$$

在图 5.1.4（c）中，由于 V_3、V_4 是在 u_1 的负半周导通，即开关动作比 V_1、V_2 滞后 180°，故其开关函数可表示为 $S_1(\omega_1 t - \pi)$，这样由图 5.1.4（c）可得

$$i_3 = g_D S_1(\omega_1 t - \pi)(-u_1 - u_2)$$
$$i_4 = g_D S_1(\omega_1 t - \pi)(-u_1 + u_2)$$

所以

$$i_3 - i_4 = -2g_D u_2 S_1(\omega_1 t - \pi) \tag{5.1.7}$$

由图 5.1.4（a）可见，流过 Tr_2 总的输出电流 i 为

$$i = (i_1 - i_2) + (i_3 - i_4) = 2g_D u_2 [S_1(\omega_1 t) - S_1(\omega_1 t - \pi)] \tag{5.1.8}$$

式（5.1.8）中，$[S_1(\omega_1 t) - S_1(\omega_1 t - \pi)]$ 为两个单向开关函数合成的一个双向开关函数，它可写成 $S_2(\omega_1 t)$，其波形如图 5.1.5 所示。

由于

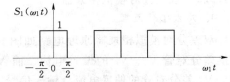

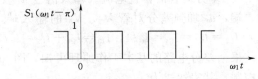

$$S_1(\omega_1 t - \pi) = \left[\frac{1}{2} + \frac{2}{\pi}\cos(\omega_1 t - \pi)\right.$$
$$\left. - \frac{2}{3\pi}\cos(3\omega_1 t - 3\pi) + \cdots\right]$$
$$= \frac{1}{2} - \frac{2}{\pi}\cos(\omega_1 t) + \frac{2}{3\pi}\cos(3\omega_1 t)\cdots \tag{5.1.9}$$

所以

$$S_2(\omega_1 t) = S_1(\omega_1 t) - S_1(\omega_1 t - \pi)$$
$$= \frac{4}{\pi}\cos(\omega_1 t) - \frac{4}{3\pi}\cos(3\omega_1 t) + \cdots \tag{5.1.10}$$

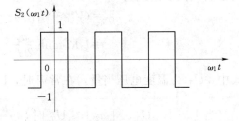

图 5.1.5　双向开关函数

因此，将式（5.1.10）和 $u_2 = U_{2m}\cos(\omega_2 t)$ 代入式（5.1.8），可得

$$i = 2g_D u_2 S_2(\omega_1 t)$$

$$= 2g_D U_{2m}\cos(\omega_2 t)\left[\frac{4}{\pi}\cos(\omega_1 t) - \frac{4}{3\pi}\cos(3\omega_1 t) + \cdots\right]$$

$$= \frac{4}{\pi} g_D U_{2m} \{\cos[(\omega_1+\omega_2)t]+\cos[(\omega_1-\omega_2)t]\}$$

$$-\frac{4}{3\pi} g_D U_{2m} \{\cos[(3\omega_1+\omega_2)t]+\cos[(3\omega_1-\omega_2)t]\}+\cdots \qquad (5.1.11)$$

由式（5.1.11）可见，输出电流中只含有 ω_1 各奇次谐波与 ω_2 的组合频率分量，即只含有 $p\omega_1\pm\omega_2$（p 为奇数）的组合频率分量。若 ω_1 较高，则 $3\omega_1\pm\omega_2$ 及以上等组合频率分量很容易被滤除，所以二极管双平衡相乘器具有接近理想特性的相乘功能。

图 5.1.4（a）电路可改画成如图 5.1.6 所示电路，由图可见，四个二极管组成一个环路，各二极管的极性沿环路一致，故又称为环形相乘器。如果各二极管特性一致，变压器中心抽头上、下又完全对称，则电路的各个端口之间有良好的隔离，即 u_1、u_2 输入端与输出端之间均有良好的隔离，而不会相互串通。

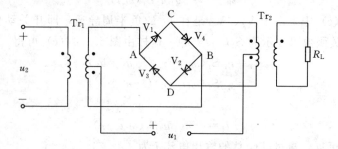

图 5.1.6　二极管环形相乘器

5.1.2.2　双差分对模拟相乘器

1. 基本工作原理

双差分对模拟相乘器原理电路如图 5.1.7 所示，它由三个差分对管组成。电流源 I_0 提供差分对管 V_5、V_6 的偏置电流，而 V_5 提供 V_1、V_2 差分对管的偏置电流，V_6 提供 V_3、V_4 差分对管的偏置电流。输入信号 u_1 交叉加到 V_1、V_2 和 V_3、V_4 两个差分对管的输入端，u_2 加到差分对管 V_5、V_6 的输入端，静态，即 $u_1=u_2=0$ 时，$I_{C5}=I_{C6}=I_0/2$，$I_{C1}=I_{C2}=I_{C3}=I_{C4}=I_0/4$，$I_{13}=I_{C1}+I_{C3}=I_0/2$，$I_{24}=I_{C2}+I_{C4}=I_0/2$。

根据差分电路的基本工作原理可知，图 5.1.7 电路的输出电压 u_O 受输入电压 u_1、u_2 的控制，其表达式为

$$u_O=(V_{CC}-i_{24}R_C)-(V_{CC}-i_{13}R_C)=(i_{13}-i_{24})R_C$$

$$=I_0 R_C \tanh\frac{u_1}{2U_T}\tanh\frac{u_2}{2U_T} \qquad (5.1.12)$$

式中：U_T 为温度电压当量，在常温时，$U_T\approx 26\mathrm{mV}$；$\tanh\dfrac{u}{2U_T}$ 为双曲正切函数。

当 $|u_1|\leqslant U_T$、$|u_2|\leqslant U_T$ 时，$\dfrac{u}{2U_T}\leqslant 0.5$，有 $\tanh\dfrac{u}{2U_T}\approx\dfrac{u}{2U_T}$，所以式（5.1.12）可近似为

$$u_O=\frac{I_0 R_C}{4U_T^2}u_1 u_2=A_M u_1 u_2 \qquad (5.1.13)$$

其中
$$A_M=\frac{I_0 R_C}{4U_T^2}$$

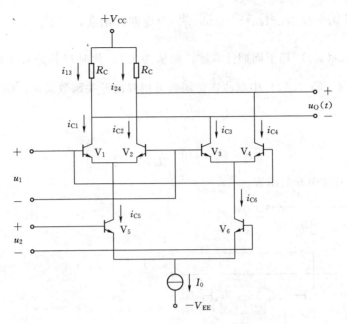

图 5.1.7 双差分对模拟相乘器原理电路

式中：A_M 为增益系数。

可见，双差分对模拟相乘器输出电压 u_O 与 u_1、u_2 的乘积成正比，实现了相乘的功能。但它只在输入电压的幅度小于 26mV 时，才具有理想的相乘功能。由于 u_1、u_2 可正、可负，所以双差分对模拟相乘器是四象限相乘器。

2. MC1496 集成模拟相乘器

根据双差分对模拟相乘器基本原理制成的单片集成模拟相乘器 MC1496 的内部电路如图 5.1.8（a）所示，其引脚排列如图 5.1.8（b）所示。由图 5.1.8（a）可见，其电路结构与图 5.1.7 基本类似。所不同的是，MC1496 相乘器用 V_7、R_1，V_8、R_2，V_9、R_3 和 R_5 等组成多路电流源电路，R_5、V_7、R_1 为电流源的基准电路，V_8、V_9 分别供给 V_5、V_6 管恒值电流 $I_0/2$，R_5 为外接电阻，可用以调节 $I_0/2$ 的大小。R_C 为外接负载电阻。另外，由 V_5、V_6 两管的发射机引出接线端 2 和 3，外接电阻 R_Y，利用 R_Y 的负反馈作用，以扩大输入电压 u_2 的动态范围。因此，MC1496 相乘器输出电压的表示式为

$$u_O = \frac{2R_C}{R_Y} u_2 \tanh \frac{u_1}{2U_T} \tag{5.1.14}$$

可证明，u_2 的动态范围与外接电阻 R_Y 的关系，为

$$-\left(\frac{1}{4} I_0 R_Y + U_T\right) \leqslant u_2 \leqslant \left(\frac{1}{4} I_0 R_Y + U_T\right) \tag{5.1.15}$$

当 $|u_1| \leqslant U_T$ 时，式（5.1.14）可写成

$$u_O = \frac{R_C}{R_Y U_T} u_1 u_2 \tag{5.1.16}$$

其增益系数

$$A_M = \frac{R_C}{R_Y U_T} \tag{5.1.17}$$

当输入电压 $u_1 = U_{1m}\cos(\omega_1 t)$，$\tanh\dfrac{u_1}{2U_T}$ 为周期性函数，当 $U_{1m} > 260\text{mV}$，双曲正切

函数 $\tanh\left[\dfrac{U_{1m}}{2U_T}\cos(\omega_1 t)\right]$ 趋于周期性方波，幅值为 ± 1，此时双差分对模拟相乘器工作在

双向开关状态，式（5.1.14）中双曲正切函数可用双向开关函数表示，则得

$$u_O = \frac{2R_C}{R_Y}u_2 S_2(\omega_1 t) \tag{5.1.18}$$

其中　　　　　　　　　　$$S_2(\omega_1 t) = \tanh\left[\frac{U_{1m}}{2U_T}\cos(\omega_1 t)\right]$$

式中：$S_2(\omega_1 t)$ 为双向开关函数。

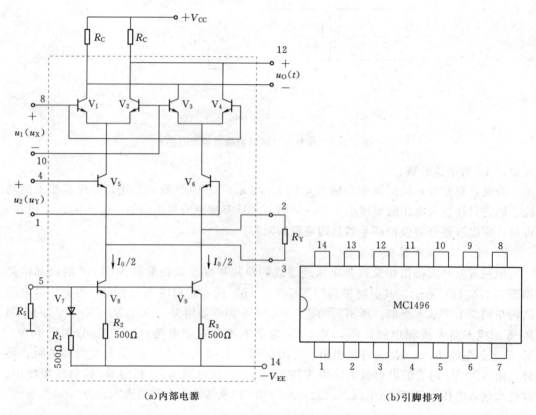

(a)内部电源　　　　　　　　　　　(b)引脚排列

图 5.1.8　MC1496 相乘器

MC1496 广泛应用于调幅及其解调、混频等电路中，但应用时 $V_1 \sim V_4$，V_5、V_6 晶体管的基极均需外加偏置电压，方能正常工作。通常把 8、10 端称为 X 输入端，u_1 用 u_X 表示；4、1 输入端称为 Y 输入端，u_2 用 u_Y 表示。

3. MC1595 集成模拟相乘器

作为通用的模拟相乘器，还需将 u_1 的动态范围进行扩展。MC1595 就是在 MC1496 的基础上增加了 $u_1(u_X)$ 动态范围扩展电路（它与 u_Y 动态范围扩展电路相同），使之成为具有四象限相乘功能的通用集成器件，其外接电路及引脚排列如图 5.1.9（a）、（b）所示。4、8 端为 $u_X(u_1)$ 输入端，9、12 端为 $u_Y(u_2)$ 输入端，14、2 为输出端，R_C 为外接

负载电阻。R_X、R_Y 分别为用来扩展 u_X、u_Y 动态范围的负反馈电阻，R_3、R_{13} 用来分别设定 $I_0'/2$ 和 $I_0/2$，1 端所接电阻 R_K 用来设定 1 端电位，以保证各管工作在放大区。

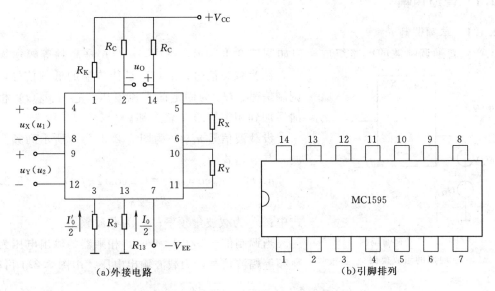

(a)外接电路   (b)引脚排列

图 5.1.9　MC1595 集成模拟相乘器

相乘器的输出电压 u_O 表示式为

$$u_O = \frac{4R_C}{R_X R_Y I_0'} u_X u_Y = A_M u_X u_Y \tag{5.1.19}$$

$$A_M = \frac{4R_C}{R_X R_Y I_0'}$$

式中：A_M 为相乘器的增益系数，MC1595 增益系数的典型值为 0.1V。

式（5.1.19）中 u_X 和 u_Y 的动态范围必须满足以下关系

$$\left.\begin{aligned} -\left(\frac{1}{4} I_0' R_X + U_T\right) \leqslant u_X \leqslant \frac{1}{4} I_0' R_X + U_T \\ -\left(\frac{1}{4} I_0 R_Y + U_T\right) \leqslant u_Y \leqslant \frac{1}{4} I_0 R_Y + U_T \end{aligned}\right\} \tag{5.1.20}$$

以上仅介绍了两种典型的集成模拟相乘器，现在已有很多性能优良、使用方便的集成相乘器产品，因篇幅关系，这里不再赘述。

任务 5.2　振　幅　调　制

任务描述

振幅调制简称调幅，调幅有普通调幅、抑制载波的双边带调幅和单边带调幅等。作为发射电路的重要组成部分，我们必须掌握它们的工作原理和电路的应用。

任务目标

- 掌握普通调幅、双边带调幅、单边带调幅原理。

• 掌握各种振幅调制电路的工作原理及应用。

5.2.1　普通调幅

5.2.1.1　单频调制

　　产生普通调幅波的电路组成模型如图 5.2.1 所示，图中，$u_c(t)$ 是高频等幅输入信号，称为载波信号；$u_\Omega(t)$ 是待传输的低频信号，称调制信号，U_Q 为固定的直流电压，它与 $u_\Omega(t)$ 相叠加后加到相乘器的 Y 输入端。

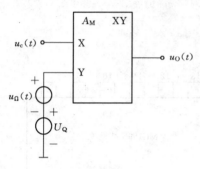

图 5.2.1　普通调幅
电路的组成模型

　　设载波信号 $u_c(t)$ 为图 5.2.2（a）所示高频余弦波，其表达式为

$$u_c(t)=U_{cm}\cos(\omega_c t)=U_{cm}\cos(2\pi f_c t) \qquad (5.2.1)$$

其中
$$\omega_c=2\pi f_c$$

式中：ω_c 为载波角频率；f_c 为载波频率。

　　当调制信号 $u_\Omega(t)=0$ 时，相乘器的输出电压为一高频等幅波信号，为载波输出电压。由图 5.2.1 可得

$$u_O(t)=A_M U_Q U_{cm}\cos(\omega_c t)=U_{m0}\cos(\omega_c t) \qquad (5.2.2)$$

$$U_{m0}=A_M U_Q U_{cm}=K U_{cm} \qquad (5.2.3)$$

其中
$$K=A_M U_Q$$

式中：U_{m0} 为输出载波电压振幅；K 为由相乘器及外接直流电压所决定的比例常数。

　　令调制信号 $u_\Omega(t)$ 为单频余弦信号，如图 5.2.2（b）所示，其表示式为

$$u_\Omega(t)=U_{\Omega m}\cos(\Omega t)=U_{\Omega m}\cos(2\pi F t) \qquad (5.2.4)$$

其中
$$\Omega=2\pi F$$

式中：Ω 为调制信号角频率；F 为调制信号频率，通常 $F\ll f_c$。

　　调制信号和载波信号同时输入相乘器后，由图 5.2.1 可得输出电压为

$$
\begin{aligned}
u_O(t)&=A_M[U_Q+u_\Omega(t)]U_{cm}\cos(\omega_c t)\\
&=[A_M U_Q U_{cm}+A_M U_{cm}u_\Omega(t)]\cos(\omega_c t)\\
&=[U_{m0}+k_a u_\Omega(t)]\cos(\omega_c t) \qquad (5.2.5)
\end{aligned}
$$

其中
$$U_{m0}=A_M U_Q U_{cm}$$

$$k_a=A_M U_{cm}$$

式中：U_{m0} 为载波电压振幅；k_a 为由相乘器和输入载波电压振幅决定的比例常数。

　　将式（5.2.4）代入式（5.2.5），则得单频调制时输出调幅波电压为

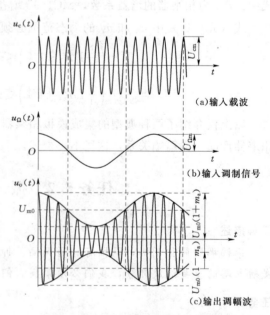

(a)输入载波

(b)输入调制信号

(c)输出调幅波

图 5.2.2　单频调制时调幅波波形

$$u_O(t) = [U_{m0} + k_a U_{\Omega m} \cos(\Omega t)] \cos(\omega_c t)$$
$$= U_{m0}[1 + m_a \cos(\Omega t)] \cos(\omega_c t) \qquad (5.2.6)$$

其中

$$m_a = \frac{k_a U_{\Omega m}}{U_{m0}} \qquad (5.2.7)$$

m_a 称为调幅系数或调幅度,它表示输出载波振幅受调制信号控制的程度。由式 (5.2.6) 可见,相乘器输出调幅波电压为一高频电压,其角频率为 ω_c,而振幅在载波振幅 U_{m0} 上、下按调制信号的规律变化,波形如图 5.2.2 (c) 所示。通常把这种调幅信号称为普通调幅信号,并用 AM 表示,把调幅波振幅变化规律,即 $U_{m0}[1 + m_a \cos(\Omega t)]$ 称为调幅波的包络。由于调幅系数 m_a 与输入调制信号电压振幅 $U_{\Omega m}$ 成正比,因此 $U_{\Omega m}$ 越大,m_a 就越大,调幅波幅度的变化也就越大。由图 5.2.2 (c) 可见,调幅波的最大振幅等于 $U_{m0}(1 + m_a)$,最小振幅等于 $U_{m0}(1 - m_a)$,当 $m_a = 1$ 时,最小振幅值等于零。若 $m_a > 1$,将会导致调幅波在一段时间内而不是某一瞬间振幅为零,此时调幅波将产生严重的失真。为避免失真,要求 $m_a \leqslant 1$。

将 $k_a = A_M U_{cm}$,$U_{m0} = A_M U_Q U_{cm}$ 代入式 (5.2.7),可得

$$m_a = \frac{U_{\Omega m}}{U_Q} \qquad (5.2.8)$$

为了保证不产生调幅失真,则要求 $U_Q > U_{\Omega m}$。由式 (5.2.8) 也可见,当 $U_{\Omega m}$ 一定时,调幅系数 m_a 也可由外加直流电压 U_Q 进行调节。

将式 (5.2.6) 按三角函数关系展开,则得

$$u_O(t) = U_{m0} \cos(\omega_c t) + \frac{1}{2} m_a U_{m0} \cos[(\omega_c + \Omega)t] + \frac{1}{2} m_a U_{m0} \cos[(\omega_c - \Omega)t] \qquad (5.2.9)$$

可见,用单频信号调制后的调幅波,由三个高频分量组成,除角频率为 ω_c 的载波之外,还有 $\omega_c + \Omega$ 和 $\omega_c - \Omega$ 两个新角频率分量。其中一个比 ω_c 高,称为上边频分量,一个比 ω_c 低,称为下边频分量。载波频率分量的振幅为 U_{m0},而两个边频分量的振幅均为 $m_a U_{m0}/2$。因 m_a 的最大值只能等于 1,所以边频振幅的最大值不会超过 $U_{m0}/2$。其频谱图如图 5.2.3 所示。显然,在调幅波中,载波并不含有任何有用信息,要传送的信息只包含于边频分量之中。边频的

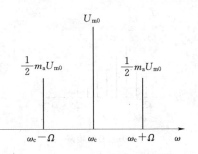

图 5.2.3 单频调制时调幅波频谱

振幅反映了调制信号幅度的大小,边频的频率虽属于高频范畴,但反映了调制信号频率的高低。

5.2.1.2 复杂信号调制

实际上,调制信号一般不是单一频率的余弦波,而是包含若干频率分量的复杂波形,例如语言信号的频率约为 $300 \sim 3000\text{Hz}$。若调制信号的波形如图 5.2.4 (a) 所示,在理想情况下调幅波的包络与调制信号波形相同,所以输出调幅波波形如图 5.2.4 (b) 所示。若设调制信号为

$$u_{\Omega}(t) = U_{\Omega m1}\cos(\Omega_1 t) + U_{\Omega m2}\cos(\Omega_2 t) + \cdots + U_{\Omega mn}\cos(\Omega_n t) \tag{5.2.10}$$

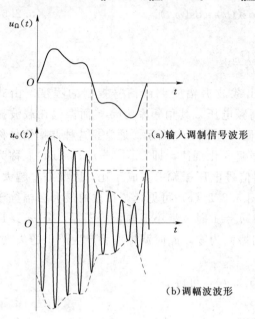

图 5.2.4　复杂信号调制时调幅波波形

其频谱如图 5.2.5（a）所示，调制后每一频率分量都将产生一对边频，即（$\omega_c \pm \Omega_1$）、（$\omega_c \pm \Omega_2$）、$\cdots$、（$\omega_c \pm \Omega_n$）等。这些上、下边频的集合形成上、下边带，小于 ω_c 的称为下边带，大于 ω_c 的称为上边带，如图 5.2.5（b）所示。由于在上、下边带中每个对应的频率分量的幅度相等且成对出现，因此上、下边带的频谱分布相对于载频也是对称的。

另外，由图 5.2.5 可见，调幅波的上边带和下边带频谱分量的相对大小和相互间的距离均与调制信号的频谱相同，仅下边带频谱与调制信号频谱成倒置关系。这就清楚地说明，调幅的作用是把调制信号的频谱不失真地搬移到载频的两边，所以，调幅电路属于频谱搬移电路。

由于复杂信号调制后调幅信号的最高频率为 $f_c + F_n$，而最小频率为 $f_c - F_n$，因此，调幅波所占据的频带宽度等于调制信号最高频率的两倍，即

$$BW = 2F_n \tag{5.2.11}$$

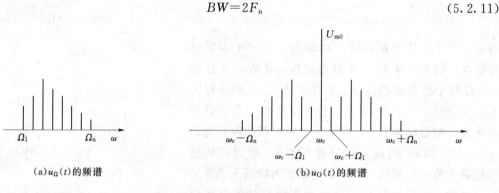

(a) $u_{\Omega}(t)$ 的频谱　　　　　　　(b) $u_O(t)$ 的频谱

图 5.2.5　复杂信号调制时调幅波频谱

5.2.1.3　调幅波的功率

若负载电阻为 R_L，则根据式（5.2.9）载频和边频的关系，可写出单频调制时，R_L 上获得的功率包括三部分：

载波分量功率

$$P_0 = \frac{1}{2}\frac{U_{m0}^2}{R_L} \tag{5.2.12}$$

每个边频分量功率

$$P_{SB1} = P_{SB2} = \frac{1}{2R_L}\left(\frac{m_a}{2}U_{m0}\right)^2 = \frac{m_a^2 U_{m0}^2}{8R_L} = \frac{1}{4}m_a^2 P_0 \tag{5.2.13}$$

因此，调幅波在调制信号一个周期内给出的平均功率为

$$P_{AV} = P_0 + P_{SB1} + P_{SB2} = P_0\left(1 + \frac{m_a^2}{2}\right) \tag{5.2.14}$$

当 $\Omega t = 0$ 时，由图 5.2.2（c）可见，调幅波处于包络峰值，其电压等于 $U_{m0}(1+m_a)$，此时的高频输出功率称为调制波最大功率，也称峰值包络功率，即

$$P_{max} = (1+m_a)^2 U_{m0}^2 / 2R_L = (1+m_a)^2 P_0 \tag{5.2.15}$$

式（5.2.12）和式（5.2.13）表明，边频功率随 m_a 的增大而增加，当 $m_a = 1$ 时，边频功率为最大，这时上、下边频功率之和只有载波功率的一半，即它只占整个调幅波功率的 1/3。实际运用中，m_a 在 0.1~1 之间变化，其平均值仅为 0.3，所以边频所占整个调幅波的功率还要小。这也就是说，用这种调制方式，发送端发送的功率被不携带信息的载波占去了很大的比例，这显然是不经济的。但由于这种调制设备简单，特别是解调更简单，便于接收，所以它仍在某些领域，如无线电广播中广泛采用。

5.2.2 双边带调幅

由于载波不携带信息，因此，为了节省发射功率，可以只发射含有信息的上、下两个边带，而不发射载波，这种调幅信号称为抑制载波的双边带调幅信号，简称双边带调幅信号，用 DSB 表示。产生双边带调幅波的电路组成模型如图 5.2.6 所示。$u_c(t) = U_{cm}\cos(\omega_c t)$ 为载波输入电压，$u_\Omega(t)$ 为调制信号输入电压。由图 5.2.6 可得双边带调幅波输出电压为

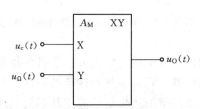

图 5.2.6 双边带调幅电路的组成模型

$$u_O(t) = A_M U_{cm} u_\Omega(t)\cos(\omega_c t) = k_a u_\Omega(t)\cos(\omega_c t) \tag{5.2.16}$$

其中
$$k_a = A_M U_{cm}$$

式中：k_a 为一比例常数。

式（5.2.16）中不含有载波分量，只含有两个边带分量，故为抑制载波的双边带调幅信号。若令 $u_\Omega(t) = U_{\Omega m}\cos(\Omega t)$，由式（5.2.16）可得

$$u_O(t) = k_a U_{\Omega m}\cos(\Omega t)\cos(\omega_c t)$$

$$= \frac{1}{2}k_a U_{\Omega m}\{\cos[(\omega_c+\Omega)t] + \cos[(\omega_c-\Omega)t]\} \tag{5.2.17}$$

式（5.2.17）说明，单频调制的双边带调幅信号中，只含有上边频 $\omega_c+\Omega$ 和下边频 $\omega_c-\Omega$，而无载频分量，它的波形和频谱如图 5.2.7 所示。由图 5.2.7（c）可见，由于双边带调幅信号的振幅不是在载波振幅 U_{m0}、而是在零值上下按调制信号的规律变化，双边带调幅波的包络已不再反映原调制信号的形状；当调制信号 $u_\Omega(t)$ 进入负半周时，$u_O(t)$ 波形反相，表明载波电压产生 180°相移，因而当 $u_\Omega(t)$ 自正值或负值通过零值变化时，双边带调幅信号波形均将发生 180°的相位突变。

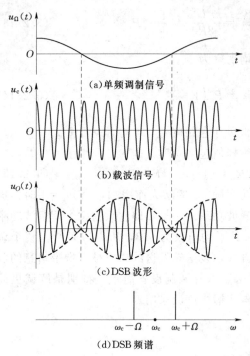

图 5.2.7　单频调制双边带调幅信号及其频谱

观察图 5.2.7（d）双边带调幅信号的频谱结构可见，双边带调幅的作用也是把调制信号的频谱不失真地搬移到载频的两边，所以，双边带调幅电路也是频谱搬移电路。

5.2.3　单边带调幅

由于双边带调幅信号上、下边带都含有调制信号的全部信息，为了节省发射功率，减小频谱带宽，可以只发射一个边带（上边带或下边带），这种只传输一个边带的调幅方式称为单边带调幅，用 SSB 表示。

单边带调幅信号一般是先产生双边带调幅信号，然后设法除去一个边带而获得，常用的方法有滤波法和移相法。

5.2.3.1　滤波法

采用滤波法实现单边带调幅的电路组成模型如图 5.2.8 所示。调制信号 $u_\Omega(t)$ 和载波信号 $u_c(t)$ 经相乘器获得抑制载波的双边带调幅信号，再通过带通滤波器滤除双边带调幅信号中的一个边带，便可获得单边带调幅信号。由此可见，滤波法的关键是高频带通滤波器，它必须具备这样的特性：对于要求滤除的边带信号应有很强的抑制能力，而对于要求保留的边带信号应使其不失真地通过。这就要求滤波器在载频处具有非常陡峭的滤波特性，如图 5.2.9 所示。事实上，含有上、下边带的双边带调幅信号，其上、下边带衔接处的频率间距等于调制信号最低频率的两倍。如 $u_\Omega(t)$ 的最低频率 $F_{min}=300\text{Hz}$，则上、下边带衔接处的过渡带宽 Δf 只有 600Hz。由于 $f_c \gg F$，因此，其相对带宽 $\Delta f/f_c$ 很小，且 f_c 越高，其值越小，滤波器的制作就越困难。

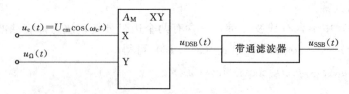

图 5.2.8　滤波法单边带调幅电路的组成模型

5.2.3.2　移相法

采用移相法实现单边带调幅的电路组成模型如图 5.2.10 所示。

设 $u_\Omega(t)=U_{\Omega m}\cos(\Omega t)$，则相乘器 I 输出电压为

$$u_{O1}(t)=A_M U_{\Omega m}U_{cm}\cos(\Omega t)\cos(\omega_c t)$$

$$=\frac{1}{2}A_M U_{\Omega m}U_{cm}\{\cos[(\omega_c+\Omega)t]+\cos[(\omega_c-\Omega)t]\} \qquad (5.2.18)$$

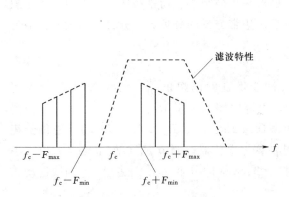

图 5.2.9 产生 SSB 信号带通滤波器的特性

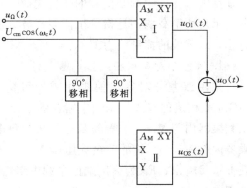

图 5.2.10 移相法单边带调幅电路组成模型

相乘器 II 的输出电压为

$$u_{O2}(t) = A_M U_{\Omega m} U_{cm} \cos\left(\Omega t - \frac{\pi}{2}\right) \cos\left(\omega_c t - \frac{\pi}{2}\right)$$

$$= A_M U_{\Omega m} U_{cm} \sin(\Omega t) \sin(\omega_c t)$$

$$= \frac{1}{2} A_M U_{\Omega m} U_{cm} \{\cos[(\omega_c - \Omega)t] - \cos[(\omega_c + \Omega)t]\} \quad (5.2.19)$$

将 $u_{O1}(t)$ 与 $u_{O2}(t)$ 相加，则得

$$u_{O1}(t) + u_{O2}(t) = A_M U_{\Omega m} U_{cm} \cos[(\omega_c - \Omega)t] \quad (5.2.20)$$

可见，上边带被抵消，两个下边带叠加后输出。

将 $u_{O1}(t)$ 与 $u_{O2}(t)$ 相减，则得

$$u_{O1}(t) - u_{O2}(t) = A_M U_{\Omega m} U_{cm} \cos[(\omega_c + \Omega)t] \quad (5.2.21)$$

可见，下边带被抵消，两个上边带叠加后输出。

移相法的优点是省掉了带通滤波器，但实现这种方法的关键是两个移相器，要求对载频和调制信号的移相均为准确的 90°，而其幅频特性又要为常数。

5.2.4　振幅调制电路

调幅可以在发送设备的低电平级实现，称为低电平调幅电路，也可在高电平级（如末级功率放大级）实现，称为高电平调幅电路。低电平调幅电路所产生的已调波功率较小，必须经过线性的已调波功率放大，才能取得所需功率。双边带调幅信号和单边带调幅信号一般都采用低电平调幅电路。高电平调幅电路可以直接产生满足功率要求的已调波，而无需再行放大，一般用以产生普通调幅波。

5.2.4.1　低电平振幅调制电路

由于低电平调幅电路主要用来实现双边带和单边带调幅，目前广泛采用二极管双平衡相乘器和双差分对模拟相乘器，其中，在几百兆赫工作频段内双差分对模拟相乘器使用得更为广泛。

由于调制在低电平级实现，所以低电平调幅电路的输出功率和效率不是主要问题，但要求它要有良好的调制线性度和较强的载波抑制能力，即调制电路的已调输出信号应不失

真地反映输入低频调制信号的变化规律，且载波输出应很小。通常载波抑制能力好坏用载漏表示。所谓载漏，是指输出泄漏载波分量低于边带分量的分贝数。分贝数越大，载漏就越小，对载波的抑制能力就越强。

1. 双差分对模拟相乘器调幅电路

采用双差分对集成模拟相乘器可构成性能优良的调幅电路。图 5.2.11 所示采用 MC1496 构成的双边带调幅电路，图中接于正电源电路的电阻 R_8、R_9 用来分压，以便提供相乘器内部 $V_1 \sim V_4$ 管的基极偏压；负电源通过 R_P、R_1、R_2 及 R_3、R_4 的分压供给相乘器内部 V_5、V_6 管的基极偏压，R_P 称为载波调零电位器，调节 R_P 可使电路对称以减小载波信号输出；R_C 为输出端的负载电阻，接于 2、3 端的电阻 R_Y 用来扩大 u_Ω 的线性动态范围。

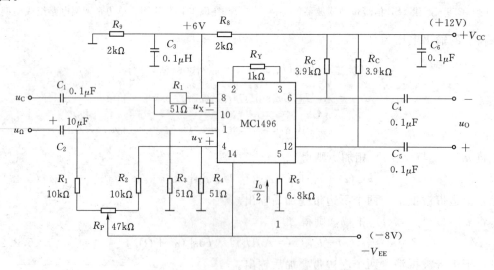

图 5.2.11　MC1496 型模拟相乘器调幅电路

根据图 5.2.11 中负电源值及 R_5 的阻值，可得 $I_0/2 \approx 1\text{mA}$，这样不难得到模拟相乘器各管脚的直流电位分别为

$$U_1 = U_4 \approx 0\text{V}, U_2 = U_3 \approx -0.7\text{V}, U_8 \approx U_{10} \approx 6\text{V}$$
$$U_6 = U_{12} = V_{CC} - R_C I_0/2 = 8.1\text{V}, U_5 = -R_5 I_0/2 = -6.8\text{V}$$

实际应用中，为了保证集成模拟相乘器 MC1496 能正常工作，各引脚的直流电位应满足下列要求：

(1) $U_1 = U_4$，$U_8 \approx U_{10}$，$U_6 = U_{12}$。

(2) $U_{6(12)} - U_{8(10)} \geqslant 2\text{V}$，$U_{8(10)} - U_{4(1)} \geqslant 2.7\text{V}$，$U_{4(1)} - U_5 \geqslant 2.7\text{V}$。

载波信号 $u_c = U_{cm}\cos(\omega_c t)$ 通过电容 C_1、C_3 及 R_7 加到相乘器的输入端 8、10 脚，低频信号 $u_\Omega(t)$ 通过 C_2、R_3、R_4 加到相乘器的输入端 1、4 脚，输出信号可由 C_4 和 C_5 单端输出或双端输出。

为了减少载波信号输出，可先令 $u_\Omega(t) = 0$，即将 $u_\Omega(t)$ 输入端对地短路，只有载波 u_c 输入时，调节 R_P 使相乘器输出电压为零，但实际上模拟相乘器不可能完全对称，所以调节 R_P 输出电压不可能为零，故只需使输出载波信号为最小（一般为毫伏级）。若载波输出电压过大，则说明该器件性能不好。

低频输入信号 $u_\Omega(t)$ 的幅度不能过大，其最大值主要由 $I_0/2$ 与 R_Y 的乘积所限定。$u_\Omega(t)$ 幅度过大，输出调幅波形就会产生严重的失真。

工程上，载波信号常采用大信号输入，即 $U_{cm} \geqslant 260\text{mV}$，这时双差分对管在 u_c 的作用下工作在开关状态，这时调幅电路输出电压由式（5.1.18）可得

$$u_O = \frac{2R_C}{R_Y} u_\Omega(t) S_2(\omega_c t) \tag{5.2.22}$$

式中：$S_2(\omega_c t)$ 为受 u_c 控制的双向开关函数。

由式（5.2.22）可见，双差分对模拟乘法器工作在开关状态实现双边带调幅时，输出频谱比较纯净，只有 $p\omega_c \pm \Omega$（p 为奇数）的组合频率分量，只要用滤波器滤除高次谐波分量，便可得到抑制载频的双边带调幅波，而且调制失真很小。同时，这时输出幅度不受 U_{cm} 大小的影响。

2. 二极管环形调幅电路

采用二极管环形相乘器可以很方便地构成低电平调幅电路，相乘器组件中的三个端口，若一个输入低频调制信号 $u_\Omega(t)$，另一个输入高频载波信号 $u_c(t)$，那么从第三个端口就可以得到双边带调幅信号。考虑到混频组件变压器的低频特性较差，所以调制信号 $u_\Omega(t)$ 一般都加到两变压器的中心抽头上，即加到 I 端口，载波信号加到 L 端口，双边带调幅信号由 R 端口输出。另外，要求载波信号振幅足够大，使二极管工作在开关状态，同时使 $U_{\Omega m} \ll U_{cm}$。这时调幅电路输出电流的表示式可由式（5.1.11）求得，此时式中，$u_1 = u_c(t)$、$\omega_1 = \omega_c$、$u_2 = u_\Omega(t)$、$\omega_2 = \Omega$。

5.2.4.2 高电平振幅调制电路

高电平调幅电路主要用作产生普通调幅波，这种调制通常在丙类谐振功率放大器中进行，它可以直接产生满足发射功率要求的已调波。高电平调幅电路必须兼顾输出功率、效率、调制线性等几方面的要求。根据调制信号所加的电极不同，有基极调幅、集电极调幅等。

1. 基极调幅电路

图 5.2.12 所示为基极调幅电路。高频载波信号 $u_c(t)$ 通过高频变压器 Tr_1 和 L_1、C_1 构成的 L 形网络加到晶体管的基极电路，低频调制信号 $u_\Omega(t)$ 通过低频变压器 Tr_2 加到晶体管的基极电路。C_2 为高频旁路电容，用来为载波信号提供通路，但对低频信号容抗很大；C_3 为低频耦合电容，用来为低频信号提供通路。令 $u_\Omega(t) = U_{\Omega m} \cos(\Omega t)$，$u_c(t) = U_{cm} \cos(\omega_c t)$，由图 5.2.12 可见，晶体管 B、E 之间的电压为

$$u_{BE} = V_{BB} + U_{\Omega m} \cos(\Omega t) + U_{cm} \cos(\omega_c t) \tag{5.2.23}$$

其波形如图 5.2.13（a）所示。在调制过程中，晶体管的基极电压随调制信号 u_Ω 的变化而变化，使放大器的集电极脉冲电流的最大值 i_{Cmax} 和导通角 θ 也按调制信号的大小而变化，如图 5.2.13（b）所示。将集电极谐振回路调谐在载频 f_c 上，那么放大器的输出端便可获得图 5.2.13（c）所示的调幅波电压 u_O。为了减小调制失真，被调放大器在调制信号变化范围内应始终工作在欠压状态，所以基极调幅集电极效率比较低。

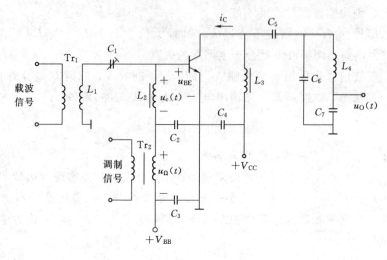

图 5.2.12　基极调幅电路

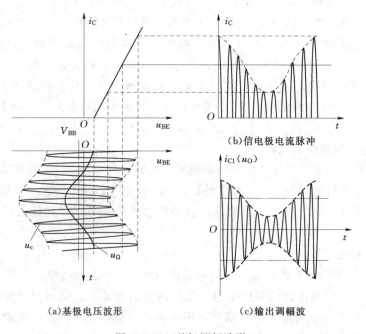

（a）基极电压波形　　　　　　（c）输出调幅波

图 5.1.13　基极调幅波形

2. 集电极调幅电路

图 5.2.14 所示为集电极调幅电路。高频载波信号仍从基极加入，而调制信号通过变压器 Tr_2 加到集电极电路中，并与直流电源 V_{CC} 相串联，若令 $u_\Omega(t)=U_{\Omega m}\cos(\Omega t)$，则晶体管集电极电压 $u_{CC}(t)=V_{CC}+U_{\Omega m}\cos(\Omega t)$ 将随 $u_\Omega(t)$ 变化而变化。根据谐振功率放大器工作原理可知，只有当放大器工作在过压状态，才能使得集电极脉冲电流的基波振幅 I_{c1m} 随 $u_\Omega(t)$ 成正比变化，实现调幅。图 5.2.14 中采用基极自给偏压电路（R_B、C_B），可减小调幅失真。集电极调幅由于工作在过压状态，所以能量转换效率比较高，适用于较大功率的调幅发射机。

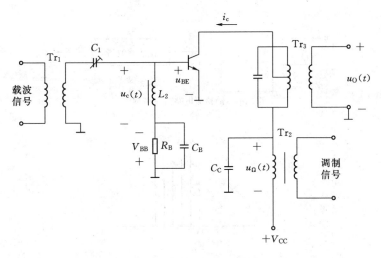

图 5.2.14　集电极调幅电路

任务 5.3　调幅信号的解调

任务描述

　　常用的振幅解调电路有两类，即包络检波电路和同步检波电路。对振幅解调电路的主要要求是检波效率高，失真小，并具有较高的输入电阻。本任务讨论了二极管包络检波电路和同步检波电路的工作原理及应用。

任务目标

- 了解调幅信号的解调原理。
- 掌握各种解调电路的工作原理及应用。

5.3.1　调幅信号的解调原理

　　解调与调制过程相反，把从高频调幅信号中取出原调制信号的过程，称为振幅解调，也称振幅检波，简称检波。

　　从频谱关系上看，检波电路的输入信号是高频载波和边频分量，而输出是低频调制信号，就是说检波电路在频域上的作用是将振幅调制信号频谱不失真地搬回到原来的位置，故振幅检波电路也是一种频谱搬移电路，也可用相乘器实现这一作用，如图 5.3.1（a）所示，图中，低通滤波器用以滤除不需要的高频分量。

　　图 5.3.1（a）中，$u_r(t)$ 为一等幅余弦电压，要求其与被解调的调幅波的载频同频同相，故把它称为同步信号，同时把这种检波电路称为同步检波电路。设输入的调幅波信号 $u_s(t)$ 为一单边带调幅信号，载频为 ω_c，其频谱如图 5.3.1（b）所示。$u_s(t)$ 与 $u_r(t)$ 经相乘器后，$u_s(t)$ 的频谱被搬移到 ω_c 的两边，一边搬到 $2\omega_c$ 上，构成载波角频率为 $2\omega_c$ 的单边带调幅信号，它是无用的寄生分量；另一边搬到零频率上，如图 5.3.1（b）所示。而后用低通滤波器滤除无用的寄生分量，即可取出所需的解调电压。可见，输出解调信号

95

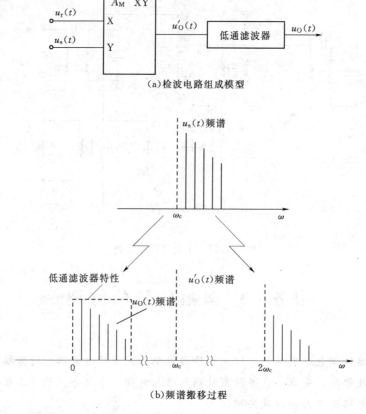

(a)检波电路组成模型

(b)频谱搬移过程

图 5.3.1　振幅解调电路的基本工作原理

频谱相对于输入信号频谱在频率轴上搬移了一个载频值。

必须指出，同步信号 $u_r(t)$ 必须与输入调幅信号的载波保持严格的同频、同相，否则解调性能将会下降，所以，在实际电路中还应采用必要的措施来获得同频同相的同步信号。

常用的振幅检波电路有两类，即包络检波电路和同步检波电路。输出电压直接反映高频调幅包络变化规律的检波电路，称为包络检波电路，它只适用于普通调幅波的检波。同步检波电路又称相干检波电路，主要用于解调双边带和单边带调幅信号，有时也用于普通调幅波的解调。

对振幅检波电路的主要要求是检波效率高，失真小，并具有较高的输入电阻。

5.3.2　包络检波电路

包络检波是指解调器输出电压与输入已调波的包络成正比的检波方法。由于普通调幅信号的包络与调制信号成正比，所以包络检波只适用于普通调幅信号。用二极管构成包络检波器电路简单，性能优越，因而应用很广泛。

5.3.2.1　工作原理

二极管包络检波电路如图 5.3.2 所示，它由二极管 V 和 RC 低通滤波器串联组成。一般要求输入信号的幅度在 0.5V 以上，所以二极管处于大信号工作状态，故又称为大信号检波器。

假设检波器输入信号 u_s 为一角频率为 ω_c 的等幅波，此时，由于负载电容 C 的高频阻抗很小，因此，高频输入电压 u_s 绝大部分加到二极管 V 上。当高频已调波为正半周时，二极管导通，并对电容 C 充电。由于二极管导通时的内阻 r_D 很小，即充电时间常数 $r_D C$ 很小，因而充电电流较大，电容 C 上的电压，即检波器输出电压 u_O 很快就接近高频输入电压的最大值。u_O 通过信号源电路，反向施加到二极管 V 的两端，形成对二极管的反偏压。这时二极管的导通与否，由电容器上的电压 u_O 与输入电压 u_s 共同决定。当高频输入电压的幅度下降到小于 u_O 时，二极管处于截止状态，电容器则通过负载 R 放电，由于放电时间常数 $RC \gg r_D C$，故放电速度很慢。当 u_O 下降得不多时，输入信号 u_s 的下一个正峰值又到来，且当 $u_s > u_O$ 时，二极管又导通，重复上述充、放电过程。检波电路中各波形如图 5.3.3 所示。从图 5.3.3 中可以看到，虽然电容两端的电压 u_O 有些起伏，但由于充电快、放电慢、u_O 实际上的起伏很小，可近似认为 u_O 与高频已调波的包络基本一致，故称为包络检波。

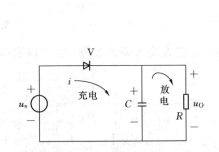

图 5.3.2　二极管包络检波器

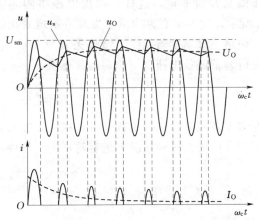

图 5.3.3　二极管包络检波波形

5.3.2.2　性能指标

检波器的主要性能指标有电压传输系数、输入电阻及其失真等。

1. 电压传输系数 η_d

电压传输系数用来说明检波器对高频信号的解调能力，又称为检波效率，用 η_d 表示。

当输入信号为高频调幅波时，若其电压为 $u_s = U_{m0}[1 + m_a \cos(\Omega t)] \cos(\omega_c t)$，由于包络检波电路输出电压与输入高频电压振幅成正比，所以，检波器输出电压 u_O 等于

$$u_O = \eta_d U_{m0}[1 + m_a \cos(\Omega t)]$$
$$= \eta_d U_{m0} + \eta_d U_{m0} m_a \cos(\Omega t) \tag{5.3.1}$$

式中，η_d 小于 1，而近似等于 1，实际电路中 η_d 在 80% 左右。当 R 足够大时，η_d 为常数，故为线性检波。

式（5.3.1）中，$\eta_d U_{m0}$ 为检波器输出电压中的直流成分，$\eta_d m_a U_{m0} \cos(\Omega t)$ 即为解调输出原调制信号电压。

2. 输入电阻 R_i

　　对于高频输入信号源来说，检波电路相当于一个负载，此负载就是检波电路的输入电阻 R_i，它定义为输入高频电压振幅对二极管电流中基波分量振幅之比。根据输入检波电路的高频功率与检波负载所获得的平均功率近似相等，可求得检波电路的输入电阻

$$R_i \approx \frac{R}{2} \tag{5.3.2}$$

5.3.2.3　失真

　　根据前面分析可知，二极管包络检波器工作在大信号检波状态时，具有较理想的线性解调性能，输出电压能够不失真地反映输入调幅波的包络变化规律。但是，如果电路参数选择不当，二极管包络检波器就有可能产生惯性失真和负峰切割失真。

　　1. 惯性失真

　　为了提高检波效率和滤波效果，常希望选取较大的 RC 值，使电容器在载波周期 T_c 内放电很慢，C 上电压的平均值便能够不失真地跟随输入电压包络变化。但是当 RC 选得过大，也就是 C 通过 R 的放电速度过慢时，电容器上的端电压便不能紧跟输入调幅波的幅度下降而及时放电，这样，输出电压将跟不上调幅波的包络变化而产生失真，如图 5.3.4 所示，这种失真称为惯性失真。不难看出，调制信号角频率 Ω 越高，调幅系数 m_a 越大，包络下降速度就越快，惯性失真就越严重。要克服这种失真，必须减小 RC 的数值，使电容器的放电速度加快，因此要求

$$RC \leqslant \frac{\sqrt{1-m_a^2}}{m_a \Omega} \tag{5.3.3}$$

　　在多频调制时，作为工程估算，式（5.3.3）中 m_a 应取最大调幅系数，Ω 应取最高调制角频率，因为在这种情况下最容易产生惯性失真。

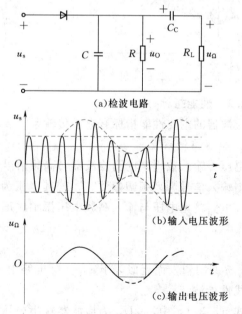

(a)检波电路

(b)输入电压波形

(c)输出电压波形

图 5.3.5　负峰切割失真

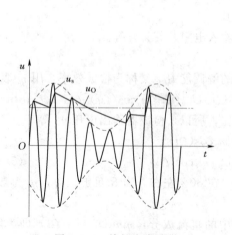

图 5.3.4　惯性失真波形

2. 负峰切割失真

在实际电路中，检波电路的输出端一般需要经过一个隔直电容 C_c 与下级电路相连接，如图 5.3.5（a）所示。图 5.3.5（a）中，R_L 为下级（低频放大级）的输入电阻，为了传送低频信号，要求 C_c 对低频信号阻抗很小，因此它的容量比较大。这样检波电路对于低频的交流负载变为 $R_L' \approx R_L // R$（因 $1/\Omega C \gg R$，略去了 C 的影响）而直流负载仍为 R，且 $R_L' < R$，即说明该检波电路中直流负载不等于交流负载，并且交流负载电阻小于直流负载电阻。

当检波电路输入单频调制的调幅信号时，如图 5.3.5（b）所示，如调幅系数 m_a 比较大时，因检波电路的直流负载电阻 R 与交流负载电阻 R_L' 数值相差较大，有可能使输出的低频电压 u_Ω 在负峰值附近被削平，如图 5.3.5（c）所示，把这种失真称为负峰切割失真。根据分析，R_L' 与 R 满足下面关系

$$\frac{R_L'}{R} \geqslant m_{amax} \tag{5.3.4}$$

就可以避免产生负峰切割失真。式（5.3.4）中，m_{amax} 为多频调制时的最大调幅系数。式（5.3.4）说明 R_L' 与 R 大小越接近，不产生负峰切割失真所允许的 m_a 值就越接近于1，或者说，当 m_a 一定时，R_L 越大、R 越小，负峰切割失真就越不容易产生。

5.3.3　同步检波电路

同步检波电路与包络检波不同，检波时需要同时加入与载波信号同频同相的同步信号。同步检波有两种实现电路，一种为乘积型同步检波电路，另一种为叠加型同步检波电路。

5.3.3.1　乘积型同步检波电路

利用相乘器构成的同步检波电路称为乘积型同步检波电路。在通信及电子设备中广泛采用二极管环形相乘器和双差分对模拟集成相乘器构成同步检波电路。二极管环形相乘器既可用作调幅，也可用作解调，但两者信号的接法刚好相反。同样，为了避免制作体积较大的低频变压器（或考虑到混频组件变压器低频特性较差），常把输入高频同步信号 u_r 和高频调幅信号 $u_s(t)$ 分别从变压器 Tr_1 和 Tr_2 接入，将含有低频分量的相乘输出信号从 Tr_1、Tr_2 的中心抽头处取出，再经低通滤波器，即可检出原调制信号。若同步信号振幅比较大，使二极管工作在开关状态，可减小检波失真。

图 5.3.6 所示为采用 MC1496 双差分对集成模拟相乘器组成的同步检波电路。图 5.3.6 中 u_r 同步信号加到相乘器的 X 输入端，其值一般比较大，以使相乘器工作在开关状态。$u_s(t)$ 为调幅信号，加到 Y 输入端，其幅度可以很小，即使在几毫伏以下，也能获得不失真的解调。解调信号由 12 端单端输出，C_5、R_6、C_6 组成 π 形低通滤波器，C_7 为输出耦合隔直电容，用以耦合低频、隔除直流。MC1496 采用单电源供电，所以，5 端通过 R_5 接到正电源端，以便为器件内部管子提供适合的静态偏置电流。

5.3.3.2　叠加型同步检波电路

叠加型同步检波电路是将需解调的调幅信号与同步信号先进行叠加，然后用二极管包络检波电路进行解调的电路，其电路如图 5.3.7 所示。

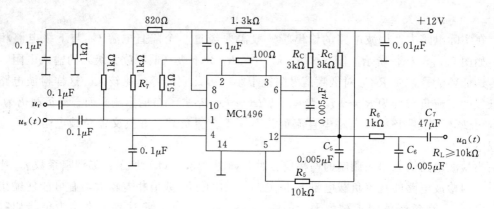

图 5.3.6　MC1496 乘积型同步检波电路

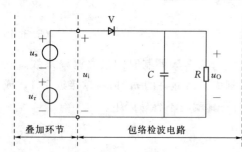

图 5.3.7　叠加型同步检波电路

设输入调幅信号 $u_s(t) = U_{sm}\cos(\Omega t)\cos(\omega_c t)$，同步信号 $u_r = U_{rm}\cos(\omega_c t)$，则它们相叠加后的信号为

$$
\begin{aligned}
u_i &= u_r + u_s = U_{rm}\cos(\omega_c t) + U_{sm}\cos(\Omega t)\cos(\omega_c t) \\
&= U_{rm}\Big[1 + \frac{U_{sm}}{U_{rm}}\cos(\Omega t)\Big]\cos(\omega_c t) \quad (5.3.5)
\end{aligned}
$$

式（5.3.5）说明，当 $U_{rm} > U_{sm}$ 时，$m_a = \dfrac{U_{sm}}{U_{rm}} < 1$，合成信号为不失真的普通调幅波，因而通过包络检波电路便可解调出所需的调制信号。令包络检波电路的检波效率为 η_d，则检波输出电压为

$$
\begin{aligned}
u_O &= \eta_d U_{rm}\Big[1 + \frac{U_{sm}}{U_{rm}}\cos(\Omega t)\Big] \\
&= \eta_d U_{rm} + \eta_d U_{sm}\cos(\Omega t) \\
&= U_O + u_\Omega \quad (5.3.6)
\end{aligned}
$$

其中
$$
U_O = \eta_d U_{rm}
$$
$$
u_\Omega = \eta_d U_{sm}\cos(\Omega t)
$$

式中：u_O 为检波输出的直流分量；u_Ω 为检波输出低频信号。

如果输入为单边带调幅信号，以单音频调制信号为例，即 $u_s(t) = U_{sm}\cos(\omega_c + \Omega)t$，则叠加后的信号为

$$
\begin{aligned}
u_i &= u_r + u_s = U_{rm}\cos(\omega_c t) + U_{sm}\cos[(\omega_c + \Omega)t] \\
&= U_{rm}\Big[1 + \frac{U_{sm}}{U_{rm}}\cos(\Omega t)\Big]\cos(\omega_c t) - U_{sm}\sin(\Omega t)\sin(\omega_c t) \\
&= U_m\cos(\omega_c t + \varphi) \quad (5.3.7)
\end{aligned}
$$

式中

$$
\left.
\begin{aligned}
U_m &= \sqrt{[U_{rm} + U_{sm}\cos(\Omega t)]^2 + [U_{sm}\sin(\Omega t)]^2} \\
\varphi &= -\arctan\Big[\frac{U_{sm}\sin(\Omega t)}{U_{rm} + U_{sm}\cos(\Omega t)}\Big]
\end{aligned}
\right\} \quad (5.3.8)
$$

当 $U_{rm} \gg U_{sm}$ 时，式（5.3.8）可近似为

$$U_m = U_{rm}\sqrt{\left[1+\frac{U_{sm}}{U_{rm}}\cos(\Omega t)\right]^2 + \left(\frac{U_{sm}}{U_{rm}}\right)^2 \sin^2(\Omega t)}$$

$$\approx U_{rm}\sqrt{1+\frac{2U_{sm}}{U_{rm}}\cos(\Omega t)} \approx U_{rm}\left[1+\frac{U_{sm}}{U_{rm}}\cos(\Omega t)\right]$$

$$\varphi \approx 0 \tag{5.3.9}$$

可见，两个不同频率的高频信号电压叠加后的合成电压是振幅及相位都随时间变化的调幅调相波，当两者幅度相差较大时，近似为 AM 波。合成电压振幅按两者频差规律变化的现象，称为差拍现象。将叠加后的合成电压送至包络检波器，则可解出所需的调制信号，有时把这种检波称为差拍检波。

任务 5.4　混　频　电　路

任务描述

混频电路是超外差接收机的重要组成部分。目前高质量的通信设备中广泛采用二极管环形混频器和双差分对模拟相乘器。我们必须了解混频电路的工作原理和混频干扰。

任务目标

- 了解混频电路的工作原理。
- 了解混频干扰。

5.4.1　混频电路的原理

混频电路又称变频电路，其作用是将已调信号的载频变换成另一载频，变换后新载频已调波的调制类型（调幅、调频等）和调制参数（如调制频率、调制系数等）均不改变。混频电路作用示意图如图 5.4.1 所示，图中，$u_s(t)$ 为载频是 f_c 的普通调幅波，$u_L(t)$ 为本振信号电压，由本地振荡器产生的、频率为 f_L 的等幅余弦信号电压，混频电路输出电压 $u_I(t)$ 为载频为 f_I 的已调波电压，通常将 $u_I(t)$ 称为中频信号。

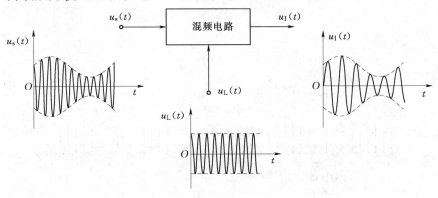

图 5.4.1　混频电路的作用

混频电路输出的中频频率可取输入信号频率 f_c 与本振频率 f_L 的和频或差频，即

$$f_1 = f_c + f_L \tag{5.4.1}$$

或

$$f_1 = f_c - f_L (f_c > f_L，若 f_c < f_L，取 f_1 = f_L - f_c) \tag{5.4.2}$$

$f_1 > f_c$ 的混频称为上混频器，$f_1 < f_c$ 的混频称为下混频器。调幅广播收音机一般采用中频 $f_1 = f_L - f_c$，它的中频规定为 465kHz。

从频谱观点来看，混频的作用就是将已调波的频谱不失真地从 f_c 搬移到中频 f_1 的位置上，因此，混频电路是一种典型的频谱搬移电路，可以用相乘器和带通滤波器来实现这种搬移，如图 5.4.2（a）所示。

设输入调幅信号为一普通调幅波，其频谱如图 5.4.2（b）所示，本振信号 $u_L(t)$ 与 $u_s(t)$ 经相乘器后，输出电压 $u_O(t)$ 的频谱如图 5.4.2（c）所示，图中 $\omega_L > \omega_c$，可将 $u_s(t)$ 的频谱被不失真地搬移到本振角频率 ω_L 的两边，一边搬到 $\omega_L + \omega_c$ 上，构成载波角频率为 $\omega_L + \omega_c$ 的调幅信号；另一边搬到 $\omega_L - \omega_c$ 上，构成载波角频率为 $\omega_L - \omega_c$ 的调幅信号。若带通滤波器调谐在 $\omega_1 = \omega_L - \omega_c$ 上，则前者为无用的寄生分量，而后者经带通滤波器取出输出，便可得到中频调制信号。

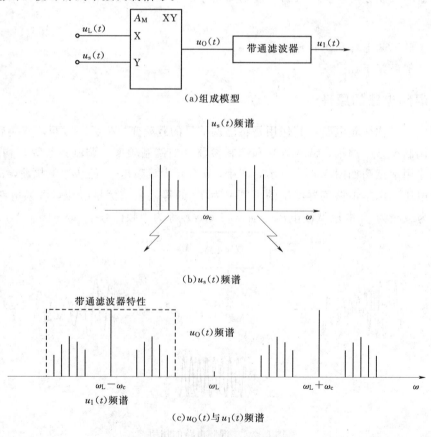

图 5.4.2　混频电路组成模型

混频电路广泛应用于通信及其他电子设备中，它是超外差接收机的重要组成部分。在发送设备中可用它来改变载波频率，以改善调制性能。在频率合成器中常用它来实现频率的加、减运算，从而得到各种不同频率等。

原则上，凡是具有相乘功能的器件，都可用来构成混频电路。目前高质量的通信设备中广泛采用二极管环形混频器和双差分对模拟相乘器，而在现代接收机中，为了简化电路并有较高的混频增益，仍会采用简单的晶体管混频电路。

通常要求混频电路的混频增益高、选择性好、噪声和失真小、抑制干扰信号的能力强。

混频增益是指输出中频电压 U_1 与输入高频电压 U_s 之比值，即

$$A_c = \frac{U_1}{U_s} \tag{5.4.3}$$

用分贝数表示

$$A_c = 20\lg \frac{U_1}{U_s} \mathrm{dB} \tag{5.4.4}$$

对于二极管环形混频电路，因混频增益小于 1，故用混频损耗来表示，它定义为 $10\lg(P_s/P_1)\mathrm{dB}$，式中 P_s 为输入高频信号功率，P_1 为输出中频信号功率。

为了抑制混频器中其他不需要的频率分量的输出，要求混频器中频输出回路应具有较好的选择性，即希望它的矩形系数尽可能接近 1。

由于混频器处于接收机的前端，它的噪声大小对整机的噪声指标影响较大，因此要求混频器的噪声系数应尽量小。

混频电路的失真是指输出中频信号的频谱结构相对于输入高频信号的频谱结构产生的变化，希望这种变化越小越好。

由于混频是依靠非线性特性来完成的，因此在混频过程中，会产生各种非线性干扰，如组合频率、交叉调制、互相调制等干扰。这些干扰将会严重地影响通信质量，因此要求混频电路对此应能有效地抑制。

1. 二极管环形混频器

在很长一段时间内二极管环形混频器是高性能通信设备中应用最广泛的一种混频器，虽然目前由于双差分对集成模拟相乘器产品性能不断改善和提高，使用也越来越广泛，但在微波波段仍广泛使用二极管环形混频器组件。二极管环形混频器的主要优点是工作频带宽，可达到几千兆赫，噪声系数低，混频失真小，动态范围大等，但其主要缺点是没有混频增益。

图 5.4.3 所示是采用环形混频器组件构成的混频电路，图中 u_s、R_{s1} 为输入信号源，u_L、R_{s2} 为本振信号源，R_L 为中频信号的负载。为了保证二极管工作在开关状态，本振信号 u_L 的功率必须足够大，而输入信号 u_s 功率必须远小于本振功率。实际二极管环形混频器组件各端口的匹配阻抗均为 50Ω，应用时各端口都必须接入滤波匹配网络，分别实现混频器与输入信号源、本振信号源、输出负载之间的阻抗匹配。

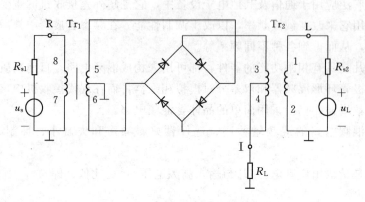

图 5.4.3   二极管环形混频电路

2. 双差分对混频器

双差分对相乘器混频电路主要优点是混频增益大，输出信号频谱纯净，混频干扰小，对本振电压的大小无严格的限制，端口之间隔离度高。主要缺点是噪声系数较大。

图 5.4.4 所示是用 MC1496 双差分对集成模拟相乘器构成的混频电路。图 5.4.4 中，本振电压 u_L 由 10 端（X 输入端）输入，信号电压由 1 端（Y 输入端）输入，混频后的中频（$f_I = 9\text{MHz}$）电压由 6 端经 π 形滤波器输出。该滤波器的带宽约为 450kHz，除滤波外还起到阻抗变换作用，以获得较高的混频增益。当 $f_c = 30\text{MHz}$，$U_{sm} \leqslant 15\text{mV}$，$f_L = 39\text{MHz}$，$U_{Lm} = 100\text{mV}$ 时，电路的混频增益可达 13dB。为了减小输出信号波形失真，1 端与 4 端间接有调平衡的电路，使用时应仔细调整。

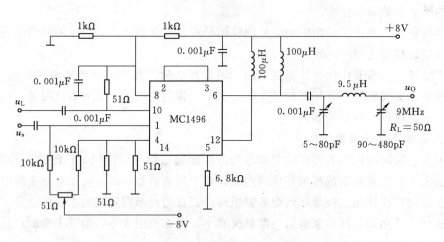

图 5.4.4   MC1496 构成的混频电路

3. 晶体管混频器

图 5.4.5 所示为晶体管混频电路原理图。输入信号 u_s 和本振信号 u_L 都由基极输入，输出回路调谐在中频 $f_I = f_L - f_c$ 上。由图 5.4.5 可见，$u_{BE} = V_{BB} + u_L + u_s$，一般情况下，$u_L$ 为大信号，u_s 为小信号，且 $U_{Lm} \gg U_{sm}$，晶体管工作在线性时变工作状态。

晶体管混频电路是利用晶体管转移特性的非线性特性实现混频的。由图 5.4.5 可见，

直流偏置 V_{BB} 与本振电压 u_L 相叠加，作为晶体管的等效偏置电压，使晶体管的工作点按 u_L 的变化规律随时间而变化，因此将 $V_{BB}+u_L$ 称为时变偏压。输入 u_s 时晶体管即工作在线性时变状态，其集电极电流 i_c 中将产生 f_L 和 f_c 的和差频率分量及其他组合频率分量，经过谐振网络便可取出中频 $f_I=f_L-f_c$（或 $f_I=f_L+f_c$）的信号输出，当晶体管转移特性为一平方律曲线时，其混频的失真和无用组合频率分量输出都很小。

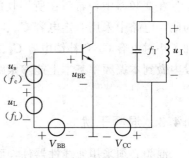

图 5.4.5　晶体管混频电路原理图

5.4.2　中波调幅收音机混频电路

图 5.4.6 所示为广播收音机中中波常用的混频电路，此电路混频和本振都由晶体管 V 完成，故又称变频电路，中频 $f_I=f_L-f_c=465\text{kHz}$。

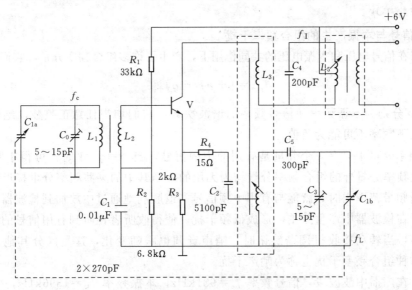

图 5.4.6　中波调幅收音机混频电路

由 L_1、C_0、C_{1a} 组成的输入回路从磁性天线接收到的无线电波中选出所需频率信号，再经 L_1 与 L_2 的互感耦合加到晶体管的基极。本地振荡部分由晶体管 L_4、C_3、C_5、C_{1b} 组成的振荡回路和反馈线圈 L_3 等构成。由于输出中频回路 C_4、L_5 对本振频率严重失谐，可认为呈短路；基极旁路电容 C_1 容抗很小，加上 L_2 电感量甚小，对本振频率所呈现的感抗也可忽略，因此，对于本地振荡而言，电路构成了变压器反馈振荡器。本振电压通过 C_2 加到晶体管发射极，而信号由基极输入，所以称为发射极注入、基极输入式变频电路。

反馈线圈 L_3 的电感量很小，对中频近于短路，因此，变频器的负载仍然可以看作由中频回路所组成。对于信号频率来说，本地振荡回路的阻抗很小，而且发射极是部分接在线圈 L_4 上，所以发射极对输入高频信号来说相当于接地。电阻 R_4 对信号具有负反馈作用，从而能提高输入回路的选择性，并有抑制交叉调制干扰的作用。

在变频器中，希望在所接收的波段内，对每个频率都能满足 $f_1 = f_L - f_c = 465\text{kHz}$，为此，电路中采用双连电容 C_{1a}、C_{1b} 作为输入回路和振荡回路的统一调谐电容，同时还增加了垫衬电容 C_5 和补偿电容 C_0、C_3。经过仔细调整这些补偿元件，就可以在整个接收波段内做到本振频率基本上能够跟踪输入信号频率，即保证可变电容器在任何位置上都能达到 $f_L \approx f_1 + f_c$。

5.4.3　混频干扰

混频必须采用非线性器件，而混频器件的非线性又是混频电路产生各种干扰信号的根源。信号频率和本振频率的各次谐波之间、干扰信号与本振信号之间、干扰信号与信号之间以及干扰信号之间，经非线性器件相互作用会产生很多新的频率分量。在接收机中，当其中某些频率等于或接近于中频时，就能够顺利地通过中频放大器，经解调后，在输出级引起串音、哨叫和各种干扰，影响有用信号的正常接收。下面以接收机混频器为例讨论一些常见的混频干扰。

5.4.3.1　信号与本振产生的组合频率干扰

混频器在信号电压和本振电压的共同作用下，产生了许多组合频率分量，它们可表示为

$$f_{p,q} = |\pm p f_L \pm q f_c| \tag{5.4.5}$$

式中：p、q 分别为本振频率和信号频率的谐波次数，它们均为任意正整数。绝对值表示在任何情况下频率不可能为负值。

这些频率分量中只有一个分量是有用的中频信号，当 $p = q = 1$ 时，可得中频 $f_1 = f_L - f_c$，除此频率分量外的组合频率分量均为无用的。当其中的某些频率分量接近于中频并落入中频通频带范围内时，就能与有用中频信号一道顺利地通过中放加到检波器，并与有用中频信号在检波器中产生差拍，形成低频干扰，使得收听者在听到有用信号的同时还听到差拍哨声，当转动接收机调谐旋钮时，哨声音调也跟随变化，这是区分其他干扰的标志。所以这种组合频率干扰也称为哨声干扰。

例如，在广播中波波段，信号频率 $f_c = 931\text{kHz}$，本振频率 $f_L = 1396\text{kHz}$，中频 $f_1 = 465\text{kHz}$。若 $p = 1$、$q = 2$ 时对应的组合频率为 $2f_c - f_L = (1862 - 1396)\text{kHz} = 466\text{kHz}$，接近于 465kHz，这样，它和有用中频信号同时进入中放、检波，产生差拍，在接收机输出产生 1kHz 的哨叫声。

理论上，产生干扰哨声的信号频率有无限个，但实际上因组合频率分量的幅度随着 $p + q$ 增加而迅速减小，因此只有 p 和 q 较小时，才会产生明显的干扰哨声；又因接收机的接收频段是有限的，所以产生干扰哨声的组合频率并不多。对于具有理想相乘特性的混频器，则不可能产生哨叫干扰，所以，实用上应尽量减小混频器的非理想相乘特性。

5.4.3.2　干扰与本振产生的组合频率干扰

凡能加到混频器输入端的外来干扰信号，均可以在混频器中与本振电压产生混频作用，若形成的组合频率满足

$$|\pm p f_L \pm q f_N| \approx f_1 \tag{5.4.6}$$

就会形成干扰。式（5.4.6）中，f_N 为外来干扰信号的频率，p、q 分别为本振频率 f_L 和

干扰信号频率 f_N 的谐波次数，它们为任意正整数。

在混频器中，通常把有用信号与本振电压变换为中频的通道称为主通道，而把同时存在的其余变换通道称为寄生通道。所以把这种外来干扰与本振电压产生的组合频率干扰称为寄生通道干扰。实际上，只有对应于 p、q 值较小的干扰信号，才会形成较强的寄生通道干扰，其中最强的寄生通道干扰为中频干扰和镜像干扰。

当 $p=0$、$q=1$ 时，$f_N=f_1$，称为中频干扰。由于干扰信号频率等于或接近中频，它可以直接通过中放形成干扰。如中频干扰信号是调幅信号，则经检波后可能听到干扰信号的原调制信号，情况严重时，干扰甚强，接收机将不能辨别出有用信号。为了抑制中频干扰，应该提高混频器前端电路的选择性或在前级增加一个中频滤波器，亦称中频陷波器。

当 $p=q=1$ 时，$f_N=f_L+f_1=f_c+2f_1$，称为镜像干扰。显然，f_N 与 f_c 是以 f_L 为轴形成镜像关系，如图 5.4.7 所示。抑制镜像干扰的主要方法是提高前级电路的选择性。

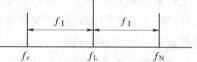

图 5.4.7　镜像干扰分布情况

5.4.3.3　交叉调制和互相调制干扰

1. 交叉调制干扰

如接收机前端电路的选择性不够好，使有用信号和干扰信号同时加到混频器的输入端，若这两个信号均为调幅波，则通过混频器的非线性作用，就可能产生交叉调制干扰（简称交调干扰），其现象为：当接收机对有用信号频率调谐时，在输出端不仅可收听到有用信号的声音，同时还清楚地听到干扰台调制声音；若接收机对有用信号频率失谐，则干扰台的调制声也随之减弱，并随着有用信号的消失而消失，好像干扰台声音调制在有用信号的载波上，故称其为交叉调制干扰。

交叉调制干扰是由混频器非线性特性的高次方项所引起的。交叉调制的产生与干扰台的频率无关，任何频率较强的干扰信号加到混频器的输入端，都有可能形成交叉调制干扰，只有当干扰信号频率与有用信号频率相差较大、受前端电路较强的抑制时，形成的干扰才比较弱。抑制交叉调制干扰的主要措施有：

（1）提高混频器前端电路的选择性、尽量减小干扰信号的幅度是抑制交叉调制干扰的有效措施。

（2）选用合适的器件和合适的工作状态，使混频器的非线性高次方项尽可能减小。

（3）采用抗干扰能力较强的平衡混频器和模拟相乘器混频电路。

2. 互相调制干扰

两个（或多个）干扰信号同时加到混频器输入端，由于混频器的非线性作用，两干扰信号与本振信号相互混频，产生的组合频率分量若接近于中频，它就能顺利地通过中频放大器，经检波器检波后产生干扰。把这种与两个（或多个）干扰信号有关的干扰称为互相调制干扰（简称互调干扰）。

例如接收机调整在接收 1200kHz 信号的状态，这时本振频率 $f_L=1665kHz$（中频为 465kHz），另有频率分别为 1190kHz 和 1180kHz 的两干扰信号也加到混频器的输入端，经过混频可获得组合频率为

$$[1665-(2\times1190-1180)]\text{kHz}=(1665-1200)\text{kHz}=465\text{kHz}$$

恰为中频频率，因此它可经中频放大器而形成干扰。由此可见，互调干扰也可看成两个（或多个）干扰信号彼此混频，产生接近于接收的有用信号频率的组合频率分量［例如（2×1190−1180）kHz＝1200kHz而形成的干扰］。

减小互调干扰的方法与抑制交叉调制干扰的措施相同，这里不再赘述。

项 目 小 结

相乘器是频谱搬移电路的重要组成部分，目前在通信设备和其他电子设备中广泛采用二极管环形相乘器和双差分对集成模拟相乘器，它们利用电路的对称性进一步减少了无用组合频率分量而获得理想的相乘结果。

振幅调制有普通调幅信号、双边带调幅信号和单边带调幅信号。

普通调幅信号频谱中含有载频、上边带和下边带，其中，上下边带频谱结构均反映调制信号频谱结构（下边带频谱与调制信号频谱成倒置关系），其表示式为 $u_O(t)=[U_{m0}+k_a u_\Omega(t)]\cos(\omega_c t)$，其振幅在载波振幅 U_{m0} 上下按调制信号 $u_\Omega(t)$ 的规律变化，即已调波的包络直接反映调制信号的变化规律。

双边带调幅信号频谱中含有上边带和下边带，没有载频分量，其表示式为 $u_O(t)=k_a u_\Omega(t)\cos(\omega_c t)$，其振幅在零值上下按调制信号的规律变化，当 $u_\Omega(t)$ 自正值或负值通过零值变化时，已调波高频相位均要发生 180°的相位突变，其包络已不再反映原调制信号的形状。

单边带调幅信号频谱中只含有上边带或下边带分量，已调波波形的包络也不直接反映调制信号的变化规律。单边带信号一般是由双边带信号经除去一个边带而获得，采用的方法有滤波法和移相法。

调幅电路有低电平调幅电路和高电平调幅电路。在低电平级实现的调幅称为低电平调幅，它主要用来实现双边带和单边带调幅，广泛采用二极管环形相乘器和双差分对集成模拟相乘器。在高电平级实现的调幅称为高电平调幅，常采用丙类谐振功率放大器产生大功率的普通调幅波。

常用的振幅检波电路有二极管峰值包络检波电路和同步检波电路。由于普通调幅信号中含有载波，其包络变化能直接反映调制信号的变化规律，所以普通调幅信号可采用电路很简单的二极管包络检波电路。由于单边带调幅和双边带调幅信号中不含有载频信号，必须采用同步检波电路。为了获得良好的检波效果，要求同步信号严格与载波同频、同相，故同步检波电路比包络检波电路复杂。对振幅检波电路的主要要求是检波效率高，失真小，具有较高的输入电阻。

混频电路是超外差接收机的重要组成部分。目前高质量的通信设备中广泛采用二极管环形混频器和双差分对模拟相乘器。现代接收机中，为了简化电路并有较高的混频增益，仍会采用简单的晶体管混频电路。对混频电路的主要要求是混频增益高，选择性好，噪声和失真小，抑制干扰信号的能力强。

项 目 考 核

《通信电子线路》项目考核表

考核日期：　　　　　　　　　　　　　　　　　　　　　　　表号：考核 5 - 1

班级		学号		姓名	

项目名称：掌握振幅调制、解调与混频电路

1. 填空题

（1）模拟乘法器是完成两个模拟信号_____功能的电路，它是_____器件，可用来构成_____搬移电路。

（2）用低频调制信号去控制高频信号振幅的过程，称为_____；从高频已调信号中取出原调制信号的过程，称为_____；将已调信号的载频变换成另一载频的过程，称为_____。

（3）在低功率级完成的调幅称为_____调幅，它通常来产生_____调幅信号；在高功率级完成的调幅称为_____调幅，用于产生_____调幅信号。

（4）包络检波器由_____和_____组成，适用于解调_____信号。

（5）取差值的混频器输入信号为 $u_s(t) = 0.1[1 + 0.3\cos(2\pi \times 10^3 t)](\cos 2\pi \times 10^6 t)$V，本振信号为 $u_L(t) = \cos(2\pi \times 1.5 \times 10^6 t)$V，则混频器输出信号的载频为_____Hz，调幅系数 m_a 为_____，频带宽度为_____Hz。

（6）超外差式调幅广播收音机的中频频率为 465kHz，当接收信号频率为 600kHz 时，其本振频率为_____kHz，中频干扰信号频率为_____kHz，镜像干扰信号频率为_____kHz。

2. 理想模拟相乘器的增益系数 $A_M = 0.1V^{-1}$，若 u_X、u_Y 分别输入下列各信号，试写出输出电压表示式，并说明输出电压的特点：（1）$u_X = u_Y = 3\cos(2\pi \times 10^6 t)$V；（2）$u_X = 2\cos(2\pi \times 10^6 t)$V，$u_Y = \cos(2\pi \times 1.465 \times 10^6 t)$V；（3）$u_X = 3\cos(2\pi \times 10^6 t)$V，$u_Y = 2\cos(2\pi \times 10^3 t)$V；（4）$u_X = 3\cos(2\pi \times 10^6 t)$V，$u_Y = [4 + 2\cos(2\pi \times 10^3 t)]$V。

3. 已知调幅波输出电压 $u_O(t) = \{5\cos(2\pi \times 10^6 t) + \cos[2\pi(10^6 + 5 \times 10^3)t] + \cos[2\pi(10^6 - 5 \times 10^3)t]\}$V，试求出调幅系数及频带宽度，画出调幅波波形和频谱图。

班级		学号		姓名	

项目名称：掌握振幅调制、解调与混频电路

4. 已知调幅波表示式 $u_O(t)=[2+\cos(2\pi\times100t)]\cos(2\pi\times10^4 t)$ V，试画出它的波形和频谱图，求出频带宽度。若已知 $R_L=1\Omega$，试求载波功率、边频功率、调幅波在调制信号一周期内的平均功率。

5. 已知调制信号 $u_\Omega(t)=[3\cos(2\pi\times3.4\times10^3 t)+1.5\cos(2\pi\times300t)]$ V，载波信号 $u_c(t)=6\cos(2\pi\times5\times10^6 t)$ V，相乘器的增益系数 $A_M=0.1V^{-1}$，试画出输出调幅波的频谱图。

6. 二极管环形相乘器接线如图 P5.1 所示，L 端口接大信号 $u_1=U_{1m}\cos(\omega_1 t)$，使 4 只二极管工作在开关状态，R 端口接小信号 $u_2=U_{2m}\cos(\omega_2 t)$，且 $U_{1m}\gg U_{2m}$，试写出流过负载 R_L 中电流 i 的表示式。

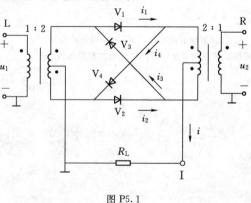

图 P5.1

班级		学号		姓名	

项目名称：掌握振幅调制、解调与混频电路

7. 图 P5.2 所示 MC1496 相乘器电路中，已知 $R_5 = 6.8\text{k}\Omega$，$R_C = 3.9\text{k}\Omega$，$R_Y = 1\text{k}\Omega$，$V_{EE} = 8\text{V}$，$V_{CC} = 12\text{V}$，$U_{BE(on)} = 0.7\text{V}$。当 $u_1 = 360\cos(2\pi \times 10^6 t)\text{mV}$，$u_2 = 200\cos(2\pi \times 10^3 t)\text{mV}$ 时，试求输出电压 $u_O(t)$，并画出其波形。

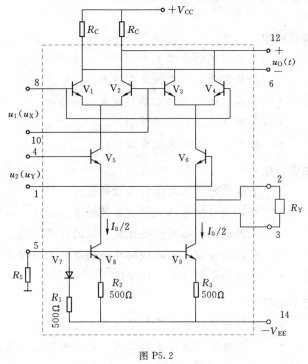

图 P5.2

8. 二极管包络检波电路如图 P5.3 所示，已知 $u_s(t) = [2\cos(2\pi \times 465 \times 10^3 t) + 0.3\cos(2\pi \times 469 \times 10^3 t) + 0.3\cos(2\pi \times 461 \times 10^3 t)]\text{V}$。（1）试问该电路会不会产生惰性失真和负峰切割失真？（2）若检波效率 $\eta_d \approx 1$，按对应关系画出 A、B、C 点电压波形，并标出电压的大小。

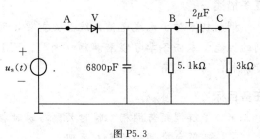

图 P5.3

9. 超外差式广播收音机，中频 $f_I = f_L - f_c = 465\text{kHz}$，试分析下列两种现象属于何种干扰：（1）当接收 $f_c = 560\text{kHz}$ 电台信号时，还能听到频率为 1490kHz 强电台的信号；（2）当接收 $f_c = 1460\text{kHz}$ 电台信号时，还能听到频率为 730kHz 强电台的信号。

项目6　角度调制与解调电路的分析与设计

项目内容

- 角度调制的基本概念。
- 调角信号的基本性质及特点。
- 包容二极管调频电路组成及电路分析。
- 鉴频电路组成及特性分析。
- 鉴频的实现方法及类型。

知识目标

- 了解瞬时频率与瞬时相位的概念。
- 理解调频信号与调相信号的关系。
- 掌握调频电路的主要性能指标的计算方法。
- 理解直接调频电路域间接调频电路的原理及电路组成。
- 掌握鉴频电路的实现方法。

能力目标

- 能够分析调频信号与调相信号的时域波形图。
- 能够画出调角信号的频谱，并且对其进行有效分析。

任务6.1　角度调制的分析

任务描述

调制技术对于无线通信系统至关重要，因为调制方式在很大程度上决定了系统可能达到的性能。本任务学习频率调制（调频，FM）和相位调制（调相，PM），两者统称为角度调制，简称调角。

任务目标

- 了解调频与调相、瞬时频率与瞬时相位等基本概念。
- 理解角度调制的基本原理。
- 掌握调频信号与调相信号的时域表达式及时域波形图。
- 掌握求调角信号的频谱和带宽的方法。

6.1.1　角度调制的原理

所谓调制，就是用调制信号去控制高频载波的某个参数，使该参数按照调制信号的规律变化的过程。上一章学习的振幅调制，即是用调制信号去控制高频载波的振幅，使之按调制信号的规律变化。也就是说，高频载波的振幅依照调制信号频率做周期性的变化，且变化的幅度与调制信号的强度呈线性关系，其他参数（如频率和相位）不变。

在本章中所要研究的角度调制，是不同于振幅调制的另一类调制方法，它是通过用调制信号去控制载波信号的频率或相位来实现的调制。如果载波信号的频率随调制信号线性变化，称为频率调制，简称调频（FM）；如果载波信号的相位随调制信号线性变化，则称为相位调制，简称调相（PM）。调角与调相都表现为载波信号的瞬时相位受到调变，但已调波的振幅保持不变，所以把两者统称为角度调制，简称调角。

频谱方面，振幅调制中，调制结果实现了频谱的线性搬移，而在角度调制中，调制结果产生了频谱的非线性变换，已调高频信号不再保持低频调制信号的频谱结构，因此，角度调制与振幅调制，以及它们对应的解调方式在电路结构上有着明显的区别。

和振幅调制相比，角度调制的主要优点是抗干扰性强。调频主要应用于调频广播、广播电视、无线通信及遥测等。调相主要用于数字通信系统中的移相键控。

调频波和调相波都表现为高频载波瞬时相位随调制信号的变化而变化，只是变化的规律不同而已。由于频率与相位间存在微分与积分的关系，调频与调相之间也存在着密切的关系，即调频必调相，调相必调频。同样，鉴频和鉴相也可相互利用，即可以用鉴频的方法实现鉴相，也可以用鉴相的方法实现鉴频。一般来说，在模拟通信中，调频比调相应用广泛，而在数字通信中，调相比调频应用普遍。本项目只着重讨论模拟调频，而对调相和数字调制只做简单的说明和对比。

6.1.2 瞬时频率与瞬时相位

角度调制的时候，载波信号的频率或相位是不断变化的。因此，首先要介绍瞬时频率和瞬时相位的概念。

所谓频率，即是物质在 1s 内完成周期性变化的次数。图 6.1.1（a）是某一交流信号 $v(t)$ 的时域波形图，可以看到，在 $[-T, T]$ 的时间范围内，波形的疏密是不断变化的。显然，波形最稀疏的地方，信号频率最低，波形最密集的地方，信号频率最高。这说明，信号在不同的瞬间，频率都是各不相同的，可以用图 6.1.1（b）来表示信号瞬时频率变化的规律。

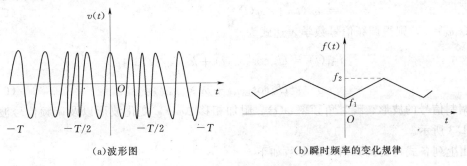

（a）波形图   （b）瞬时频率的变化规律

图 6.1.1　频率连续变化的简谐振荡

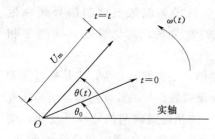

图 6.1.2 简谐振荡的矢量表示

为了易于理解，可以用简谐振荡的旋转矢量图来说明瞬时频率与瞬时相位的概念，如图 6.1.2 所示。设旋转矢量长度为 U_m，围绕原点 O 逆时针方向旋转，角速度为 $\omega(t)$。$t=0$ 时，矢量与实轴之间的夹角为 θ_0，称为初相角；在时间 t，矢量与实轴之间的夹角为 $\theta(t)$，称为瞬时相位，此时，矢量在实轴上的投影为

$$v(t) = U_m \cos\theta(t) \tag{6.1.1}$$

这是一个简谐振荡，其瞬时相位 $\theta(t)$ 等于矢量在 t 时间范围内所旋转的角度与初相角之和，表示为

$$\theta(t) = \int_0^t \omega(t)\mathrm{d}t + \theta_0 \tag{6.1.2}$$

式中：积分 $\int_0^t \omega(t)\mathrm{d}t$ 为矢量在（0，t）时间内所转过的角度。

将上式两边同时取微分，得

$$\omega(t) = \frac{\mathrm{d}\theta(t)}{\mathrm{d}t} \tag{6.1.3}$$

式（6.1.3）说明，瞬时角频率 $\omega(t)$ 等于瞬时相位 $\theta(t)$ 对时间的变化率。

式（6.1.2）和式（6.1.3）是角度调制中的两个基本的关系式。

6.1.3 调频信号

6.1.3.1 数学表达式及波形

未调制时调频电路输出载波信号为 $u_c(t) = U_m \cos(\omega_c t)$。而调频是用调制信号去改变载波信号的频率而实现的调制，所以如果调制信号为单频余弦信号 $u_\Omega(t) = U_{\Omega m} \cos\Omega t$，则调频信号的瞬时角频率 $\omega(t)$ 将按 $u_\Omega(t)$ 规律而变化，即

$$\omega(t) = \omega_c + k_\varepsilon u_\Omega(t) = \omega_c + k_f U_{\Omega m} \cos(\Omega t) = \omega_c + \Delta\omega_m \cos\Omega t \tag{6.1.4}$$

调频信号的瞬时相位

$$\begin{aligned}\varphi(t) &= \int_0^t \omega(t)\mathrm{d}t = \omega_c(t) + \frac{\Delta\omega_m}{\Omega}\sin(\Omega t) + \varphi_0 \\ &= \omega_c t + m_f \sin(\Omega t) + \varphi_0 \\ &= \omega_c(t) + \Delta\varphi(t) + \varphi_0\end{aligned} \tag{6.1.5}$$

令 $\varphi_0 = 0$，则得调频信号数学表达式为

$$\begin{aligned}u_{FM}(t) &= U_m \cos\left[\omega_c(t) + k_r\int_0^t u_\Omega(t)\mathrm{d}t\right] \\ &= U_m \cos\left[\omega_c t + m_r \sin(\Omega t)\right]\end{aligned} \tag{6.1.6}$$

单频调制信号的波形、瞬时角频率 $\omega(t)$、附加相移 $\Delta\varphi(t)$ 变化波形以及调频信号波形如图 6.1.3 所示。

由上列各式可得调频信号的参数如下：

（1）调频灵敏度 k_f。

$$k_{f}=\frac{\Delta\omega_{m}}{U_{\Omega m}}\quad[\mathrm{rad}/(\mathrm{s}\cdot\mathrm{V})]$$

或

$$k_{f}=\frac{\Delta f_{m}}{U_{\Omega m}}\quad(\mathrm{Hz}/\mathrm{V})\quad(6.1.7)$$

它表示调频电路中 $U_{\Omega m}$ 对瞬时频率的控制能力，k_{f} 越大，控制灵敏度越高。

（2）最大角频偏 $\Delta\omega_{m}$。

$$\Delta\omega_{m}=2\pi\Delta f_{m}=k_{f}U_{\Omega m}\quad(6.1.8)$$

它表示调频电路中 $U_{\Omega m}$ 产生的瞬时角频率偏移的最大值，其值大小反映频率受调变的幅度，它与调制信号幅度成正比，而与 F 无关。

（3）调频指数 m_{f}。

$$m_{f}=\frac{\Delta\omega_{m}}{\Omega}=\frac{\Delta f_{m}}{F}\quad(6.1.9)$$

它是调制信号引起的最大相位偏移，与 $U_{\Omega m}$ 成正比，与 F 成反比。

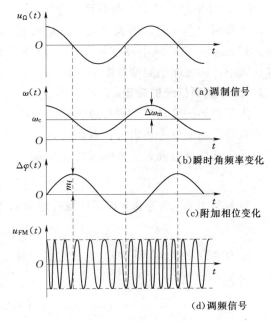

（a）调制信号

（b）瞬时角频率变化

（c）附加相位变化

（d）调频信号

图 6.1.3　调频信号波形

6.1.3.2　调频信号的频谱

将调频信号表示式 $u_{\mathrm{FM}}(t)=U_{m}\cos[\omega_{c}t+m_{f}\sin(\Omega t)]$ 展开得

$$u_{\mathrm{FM}}(t)=U_{m}\cos(\omega_{c}t)\cos[m_{f}\sin(\Omega t)]-U_{m}\sin(\omega_{c}t)\sin[m_{f}\sin(\Omega t)]$$

$$=U_{m}\cos\omega_{c}t[J_{0}(m_{f})+2\sum_{n=1}^{\infty}J_{2n}(m_{f})\cos(2n\Omega t)]-U_{m}\sin(\omega_{c}t)[2\sum_{n=0}^{\infty}J_{2n+1}(m_{f})\sin(2n+1)\Omega t]$$

$$=U_{m}J_{0}(m_{f})\cos(\omega_{c}t)+U_{m}J_{1}(m_{f})[\cos(\omega_{c}+\Omega)t-\cos(\omega_{c}-\Omega)t]+$$

$$U_{m}J_{2}(m_{f})[\cos(\omega_{c}+2\Omega)t-\cos(\omega_{c}-2\Omega)t]+$$

$$U_{m}J_{3}(m_{f})[\cos(\omega_{c}+3\Omega)t-\cos(\omega_{c}-3\Omega)t]+$$

$$U_{m}J_{4}(m_{f})[\cos(\omega_{c}+4\Omega)t-\cos(\omega_{c}-4\Omega)t]+\cdots\quad(6.1.10)$$

式中，n 取正整数；$J_{n}(m_{f})$ 是以 m_{f} 为系数的 n 阶第一类内塞尔函数。

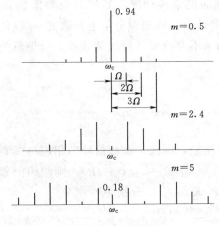

图 6.1.4　调频信号频谱图

分析式（6.1.10），调频信号频谱有以下特点：

（1）单频调制调频信号具有无穷对变频分量，分别对称于载频 ω_{c} 的两侧 $n\Omega$ 的位置上，如图 6.1.4 所示。因此，角度调制不是调制信号频谱的线性搬移，而是频谱的非线性变换。

（2）载频及各分量幅值均随 $J_{n}(m_{f})$ 而变，故载频及各边频分量幅值大小有起伏。当 n 增大到一定值后，$J_{n}(m_{f})$ 函数值会迅速减小，边频分量幅值会很小而可以忽略不计，因此，调频信号的能量大部分集中在载频附近。

（3）频谱的结构与 m_{f} 有密切的关系。m_{f} 越大，具有较大振幅的边频分量就越多，载频幅值与

m_f 有关，并不总是最大，有时可能为 0（如 $m_f = 2$，4 等）。

当调制频率一定，增大 $\Delta\omega_m$ 使 m_f 增大，则有影响的边频分量数增多，频谱就会展宽。当 $\Delta\omega_m$ 一定，减小 Ω 使 m_f 增大，尽管有影响的边频分量数增加，但因谱线间的间隔同比减小，因而频谱宽度基本不变。

6.1.3.3　调频信号的带宽

由于调频信号具有无穷对边频分量，因此理论上来说，它的带宽为无穷大。但是，由于调频信号的能量主要集中在载频附近，工程上可略去振幅小于未调载波振幅 10% 的边频分量，这样可得调频信号的带宽近似为

$$BW = 2(m_f + 1)F \tag{6.1.11}$$

当 $m_f \ll 1$（一般为 0.5 以下，也有定为 0.3 以下），则

$$BW \approx 2F \tag{6.1.12}$$

称为窄带调频（NBFM），它只包含一对边频分量。

当 $m_f \gg 1$，则有

$$BW \approx 2m_f F \tag{6.1.13}$$

称为宽带调频（WBFM），对于宽带调频，当调制信号幅度恒定时，Δf_m 一定，所以调频信号的带宽不会随调制信号频率的变化而发生明显的变化。

实际应用中，对于高质量通信，如调频广播、电视伴音等，采用 m_f 较大的宽带调频；对于一般通信，则选用 m_f 比较小的调频方式。

当调制信号不是单一频率时，其频谱要比单频调制时复杂得多。实践表明，多频调制信号调频时，仍可用式（6.1.11）来计算调频信号的带宽，其中 Δf_m 应用峰值频偏，F 用最大调制频率 F_{max}。

6.1.3.4　调频信号的功率

调频信号在负载电阻 R_L 上消耗的平均功率为

$$P_{av} = \frac{U_m^2}{2R_L} = p_c \tag{6.1.14}$$

式（6.1.14）说明，调频信号的平均功率等于未调制时的载波功率，其值与调频指数 m_f 无关。通过调频，部分载波功率根据 m_f 值被分配到携带信息的边频分量上，改变 m_f 仅使载波分量和各边频分量之间的功率重新分配，而总功率不会改变，所以调频器可以理解为一个功率分配器。

6.1.4　调相信号

6.1.4.1　调相信号的数学表达式及波形

调相是用调制信号去改变载波信号相位而实现的调制，因此，调相信号的相位与调制信号成正比。令载波信号 $u_c(t) = U_m\cos(\omega_c t)$，调制信号 $u_\Omega(t) = U_{\Omega m}\cos(\Omega t)$，则调相信号的瞬时相位 $\varphi(t)$、瞬时角频率 $\omega(t)$ 及调相信号的表示式 $u_{PM}(t)$ 分别为

$$\varphi(t) = \omega_c t + k_p u_\Omega(t) = \omega_c t + k_p u_{\Omega m}\cos(\Omega t)$$
$$= \omega_c t + m_p\cos(\Omega t) = \omega_c t + \Delta\varphi(t) \tag{6.1.15}$$

$$\omega(t) = \frac{\mathrm{d}\varphi(t)}{\mathrm{d}t} = \omega_\mathrm{c} - m_\mathrm{p}\Omega\sin(\Omega t) = \omega_\mathrm{c} - \Delta\omega_\mathrm{m}\sin(\Omega t) \tag{6.1.16}$$

其中

$$m_\mathrm{P} = k_\mathrm{p}U_{\Omega\mathrm{m}} \tag{6.1.17}$$

$$\Delta\omega_\mathrm{m} = m_\mathrm{P}\Omega = k_\mathrm{p}U_{\Omega\mathrm{m}}\Omega \tag{6.1.18}$$

$$u_\mathrm{PM}(t) = U_\mathrm{m}\cos[\omega_\mathrm{c}t + k_\mathrm{p}u_\Omega(t)] = U_\mathrm{m}\cos[\omega_\mathrm{c}t + m_\mathrm{p}\cos(\Omega t)] \tag{6.1.19}$$

式中：k_p 为调相灵敏度，rad/V；m_p 为调相指数，rad，它反映调相信号的最大附加相位移；$\Delta\omega_\mathrm{m}$ 为最大角频率偏移。

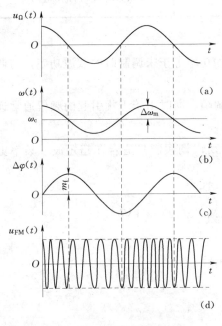

图 6.1.5　调相信号波形

调相信号的波形如图 6.1.5 所示。

6.1.4.2　调频信号与调相信号的比较

由于角频率与相位之间存在微分和积分的关系，即

$$\omega(t) = \frac{\mathrm{d}\varphi(t)}{\mathrm{d}t}, \varphi(t) = \int_0^t \omega(t)\mathrm{d}t \tag{6.1.20}$$

所以，调频与调相之间有着密切的关系。

调频与调相信号相同之处是：载波振幅不变，频率和相位都同时随时间发生变化，即载波的频率和相位都同时受到调变。

两者不同之处是：对于调频信号，$\Delta\omega(t) = k_\mathrm{f}u_\Omega(t)$，即频率按调制信号规律变化，而 $\Delta\varphi(t) = k_\mathrm{f}\int_0^t u_\Omega(t)\mathrm{d}t$，即相应的相位按调制信号的积分值规律变化。对于调相信号，$\Delta\varphi(t) = k_\mathrm{p}u_\Omega(t)$，则相位按调制信号规律变化，而 $\Delta\omega(t) = k_\mathrm{p}\dfrac{\mathrm{d}u_\Omega(t)}{\mathrm{d}t}$，即相应的频率按调制信号的微分值规律变化。

所以调频和调相可以互相转换，同样鉴频和鉴相也可互相转换。

至于调相信号的频谱、带宽、功率分析与调频信号相同。调相信号的带宽为

$$BW = 2(m_\mathrm{p} + 1)F \tag{6.1.21}$$

由于 m_p 与 F 无关，所以 BW 正比于 F，当调制信号幅度不变，则 m_p 固定，当调制信号频率变化时，BW 随之变化，这就是模拟通信系统很少采用调相的主要原因。

调频与调相信号的比较见表 6.1.1。

表 6.1.1　　　　　　　　　　　　　　调频与调相信号的比较

项　　目	调　　频	调　　相
瞬时角频率 $\omega(t)$	$= \omega_\mathrm{c} + k_\mathrm{f}u_\Omega(t)$ $= \omega_\mathrm{c} + \Delta\omega_\mathrm{m}\cos(\Omega t)$	$= \omega_\mathrm{c} + k_\mathrm{p}\dfrac{\mathrm{d}u_\Omega(t)}{\mathrm{d}t}$ $= \omega_\mathrm{c} - \Delta\omega_\mathrm{m}\sin(\Omega t)$
瞬时相位 $\varphi(t)$	$= \omega_\mathrm{c}t + k_\mathrm{f}\int_0^t u_\Omega(t)\mathrm{d}t$ $= \omega_\mathrm{c}t + m_\mathrm{f}\sin(\Omega t)$	$= \omega_\mathrm{c}t + k_\mathrm{p}u_\Omega(t)$ $= \omega_\mathrm{c}t + m_\mathrm{p}\cos(\Omega t)$

项　目	调　频	调　相
最大角频偏 $\Delta\omega_m$	$=k_f U_{\Omega m}=m_f\Omega$	$=k_p U_{\Omega m}\Omega=m_p\Omega$
最大附加相移	$m_f=\dfrac{\Delta\omega_m}{\Omega}=\dfrac{k_f U_{\Omega m}}{\Omega}$	$m_p=k_p U_{\Omega m}$
	$u_o(t)=U_m\cos\left[\omega_c t+k_f\int_0^t u_\Omega(t)\mathrm{d}t\right]=U_m\cos[\omega_c t+m_f\sin(\Omega t)]$	$u_o=U_m\cos[\omega_c t+k_p u_\Omega(t)]$ $=U_m\cos[\omega_c t+m_p\cos(\Omega t)]$

调频与调幅相比较，其主要的优点是：

（1）设备利用率高。调频信号为等幅波，其平均功率等于未调制时的载波功率，与调频指数无关。

（2）抗干扰能力强。它可利用限幅器去掉寄生调幅，同时由于干扰引起的频偏通常远小于 Δf_m。

调频的主要缺点是有效带宽大，且与 m_f 有关。所以调频制只适合在超短波或频率更高的波段便用。

例 6.1.1　已知调频信号表达式为

$$u_{FM}(t)=6\cos[2\pi\times10^8 t+12\sin(2\pi\times200t)]\quad(\mathrm{V})$$

$$k_f=2\pi\times10^3\,\mathrm{rad}/(\mathrm{s}\cdot\mathrm{V})$$

试求：

（1）载波频率及振幅。

（2）最大相位偏移。

（3）最大频偏。

（4）调制信号频率及振幅。

（5）有效带宽。

（6）单位电阻上所消耗的平均功率。

解：（1）由调频信号表示式可得载波频率和振幅为

$$f_c=10^8\,\mathrm{Hz}=100\mathrm{MHz},U_m=6\mathrm{V}$$

（2）由调频信号表示式可知调频信号瞬时相位为

$$\varphi(t)=2\pi\times10^8 t+12\sin(2\pi\times200t)$$

所以最大相位偏移等于调频指数 m_f，即 $\Delta\varphi_m=m_f=12\mathrm{rad}$

（3）最大频偏

$$\Delta\omega_m=m_f\Omega=12\times2\pi\times200=4800\pi\quad(\mathrm{rad/s})$$

$$\Delta f_m=m_f F=12\times200=2.4\mathrm{kHz}$$

（4）调制信号频率及振幅

$$F=200\mathrm{Hz}$$

由 $\Delta\omega_m=k_f U_{\Omega m}$，可得调制信号信号振幅为

$$U_{\Omega m}=\frac{\Delta\omega_m}{k_f}=\frac{4800\pi}{2\pi\times10^3}=2.4(V)$$

所以调制信号的表示式为

$$u_\Omega(t)=2.4\cos(2\pi\times200)t\quad(V)$$

（5）有效带宽

$$BW=2(m_f+1)F=2(12+1)\times200=5.2(kHz)$$

（6）单位电阻上的平均功率

$$P_{AV}=\frac{U_m^2}{2R_L}=\frac{6^2}{2\times1}=18(W)$$

例 6.1.2　已知载波输出电压 $u_c(t)=\cos(2\pi\times10^8 t)V$，调制信号电压 $u_\Omega(t)=5\cos(2\pi\times500t)V$，要求 $\Delta f_m=10kHz$，试分别写出调频信号和调相信号的表示式。

解： 由 $\Delta f_m=mF$ 可得调频、调相指数为

$$m_f=m_p=\frac{\Delta f_m}{F}=\frac{10\times10^3}{500}=20$$

由此，可写出调频的信号表示式为

$$u_{FM}(t)=\cos[2\pi\times10^8 t+20\sin(2\pi\times500t)]\quad(V)$$

调相的信号表示式为

$$u_{PM}(t)=\cos[2\pi\times10^8 t+20\sin(2\pi\times500t)]\quad(V)$$

任务 6.2　调 频 电 路 的 设 计

任务描述

　　角度调制与振幅调制有很大的差别，因此，实现角度调制的电路与振幅调制电路是不同的。要根据角度调制自身的特点，研究出相应的实现电路。

任务目标

- 了解调频电路的基本要求。
- 掌握直接调频与间接调频的原理及其相应的电路。

6.2.1　调频电路的实现方法及性能指标

6.2.1.1　调频电路的实现方法

　　产生调频信号的电路称为调频器或调频电路。调频的方法和电路有很多，通常有两大类：直接调频和间接调频。

　　直接调频是用调制信号直接控制振荡器的振荡频率而实现的调频，其振荡器与调制器合二为一。这种方法可以获得大的频偏，但中心频率稳定度低。直接调频电路中广泛采用变容二极管的直接调频电路，除此还常用晶体振荡器直接调频电路和压控振荡器直接调频电路等。

　　间接调频则是先对调制信号进行积分，然后用其对载波信号进行调相而实现的调频，这种调制方法中，调制器与振荡器是分开的，因此间接调频中心频率稳定度高，但难以获

得大的频偏，且实现起来较为复杂。

6.2.1.2　调频电路的性能指标

调频电路的基本特性是调频特性，它是指调频信号的频率偏移 $\Delta f = f - f_c$ 与调制信

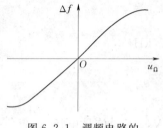

图 6.2.1　调频电路的
调频特性

号电压 u_Ω 之间的关系曲线，如图 6.2.1 所示。

调频电路的性能指标主要有中心频率的准确度及其稳定度、最大频偏、调频信号的线性度和调制灵敏度等。

（1）调频信号的中心频率即载波频率 f_c。中心频率的准确度很稳定度越高越好，这样可以保证接收机正常接收信号。

（2）最大频偏 Δf_m。指的是在正常调制电压作用下所能达到的最大频率偏移量，它受调频特性的非线性所限制。当调制电压一定时，Δf_m 在调制信号频率范围内应保持不变，Δf_m 的大小是根据对调频指数的要求来确定的。

（3）调频信号的线性度。调频信号的频率偏移与调制电压的关系称为调制特性，实际调频电路中的调制特性是不可能呈线性的，而是在一定程度上产生非线性失真。但是一般要求调频电路在最大频偏 Δf_m 范围内，有较高的线性度，由此可以减小调制失真。

（4）调制灵敏度 S_F。指的是调频特性在原点处的斜率，即

$$S_F = \frac{d(\Delta f)}{du_\Omega}\bigg|_{u_\Omega = 0} \tag{6.2.1}$$

S_F 越大，单位调制电压所产生的频率偏移就越大。

6.2.2　变容二极管直接调频电路

由于变容二极管工作频率范围宽，固有损耗小，使用方便，构成的调频电路简单，因此变容二极管直接调频电路是一种应用非常广泛的直接调频电路。

6.2.2.1　原理

将变容二极管接入 LC 振荡器的谐振回路中就可以构成直接调频电路，图 6.2.2 画出了变容二极管及其控制电路接入振荡器谐振回路的等效电路。C_j 为变容二极管的结电容，它与电感 L 构成并联谐振回路；U_Q 为直流电压，用来供给变容二极管反向偏置电压，以保证变容二极管在调制电压作用时始终工作在反向偏置状态；$u_\Omega(t)$ 为调制信号的电压；

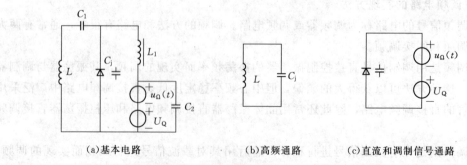

（a）基本电路　　　　　　（b）高频通路　　　（c）直流和调制信号通路

图 6.2.2　变容二极管及其控制电路接入振荡器谐振回路的等效电路

C_1 为高频交流耦合电容，要求它对直流、低频调制信号呈开路，对高频短路；L_1 为高频扼流圈，要求它对高频信号呈开路，对低频调制信号呈短路；C_2 为高频旁路电容，要求它对高频呈短路，对低频和直流呈开路。

上述的调频电路既能将控制电压 U_Q 和 $u_\Omega(t)$ 有效地加到变容二极管两端，又可以避免振荡回路与控制电路之间的相互影响。由此不难得到高频通路及直流和低频调制信号通路，如图 6.2.2 （b）、（c）所示。

变容二极管电容电压特性如图 6.2.3 （a）所示。当直流偏压 U_Q 与调制信号 $u_\Omega(t)$ 叠加后接到变容二极管两端时，变容二极管的结电容 C_j 将随 $u_\Omega(t)$ 的变化而变化，若 $u_\Omega(t) = U_{\Omega m}\cos(\Omega t)$，则可作出 C_j 的变化曲线，如图 6.2.3 （c）所示。C_j 的变化引起图 6.2.2 （b）所示 LC 谐振回路谐振频率的变化，从而实现调频的作用。

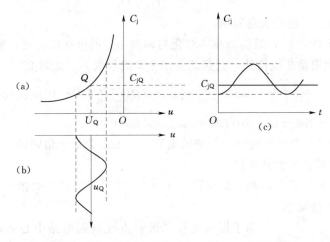

图 6.2.3　变容二极管结电容随 u_Ω 变化的曲线

包容二极管的结电容 C_j 与外加电压 u 的关系为

$$C_j = \frac{C_{j_0}}{1 - \left(\dfrac{u}{U_B}\right)^\gamma} \tag{6.2.2}$$

式中：U_B 为 PN 结的内建电位差；C_{j_0} 为 $u = 0$ 时的结电容；γ 为变容指数。将 $u = -\left[U_Q + U_{\Omega m}\cos(\Omega t)\right]$ 代入式（6.2.2），则得

$$C_j = \frac{C_{j_0}}{\left[1 + \dfrac{U_Q + U_{\Omega m}\cos(\Omega t)}{U_B}\right]^\gamma} = \frac{C_{j_0}}{\left(1 + \dfrac{U_Q}{U_B}\right)^\gamma \left[1 + \dfrac{U_{\Omega m}\cos(\Omega t)}{U_B + U_Q}\right]^\gamma}$$

$$= \frac{C_{jQ}}{\left[1 + m_c\cos(\Omega t)\right]^\gamma} \tag{6.2.3}$$

其中

$$C_{jQ} = \frac{C_{j_0}}{\left(1 + \dfrac{U_Q}{U_B}\right)^\gamma}$$

$$m_c = \frac{U_{\Omega m}}{U_B + U_Q}$$

式中：C_{jQ} 为变容二极管在 U_Q 作用下呈现的电容值；m_c 为变容二极管的电容调制度，它

反映 C_j 受调制信号电压调变的程度。这样可以得到 LC_j 谐振回路的振荡频率为

$$\omega(t) = \frac{1}{\sqrt{LC_j}} = \frac{1}{\sqrt{LC_{jQ}}} \left[1 + m_c \cos(\Omega t)\right]^{\frac{\gamma}{2}} = \omega_c \left[1 + m_c \cos(\Omega t)\right]^{\frac{\gamma}{2}} \tag{6.2.4}$$

其中

$$\omega_c = \frac{1}{\sqrt{LC_{jQ}}}$$

式中：ω_c 为不加调制信号时的振荡频率，即调制电路没有受到调制的载波频率，也称为调频电路的中心频率。

若 $\gamma = 2$，则由式（6.2.4）可得

$$\omega(t) = \omega_c \left[1 + m_c \cos(\Omega t)\right] = \omega_c + \Delta\omega_m \cos(\Omega t) \tag{6.2.5}$$

其中

$$\Delta\omega_m = m_c \omega_c = \frac{U_{\Omega m}}{U_B + U_Q} \omega_c$$

式中：$\Delta\omega_m$ 为调频信号的最大角频偏。

由此可见，当 $\gamma = 2$ 时，振荡频率的变化与调制信号的电压成正比，实现了线性调频。当 $\gamma \neq 2$，调频特性则是非线性的，调频就会产生非线性失真，此时有

$$\omega(t) \approx \omega_c + \frac{\gamma}{8}\left(\frac{\gamma}{2} - 1\right)m_c^2 \omega_c + \frac{\gamma}{2} m_c \omega_c \cos(\Omega t) + \frac{\gamma}{8}\left(\frac{\gamma}{2} - 1\right)m_c^2 \omega_c \cos(2\Omega t)$$

$$= \omega_c + \Delta\omega_c + \Delta\omega_m \cos(\Omega t) + \Delta\omega_{2m} \cos(2\Omega t) \tag{6.2.6}$$

式中：$\Delta\omega_c$ 为调制过程中产生的中心频率的偏移量；$\Delta\omega_m$ 为最大角频偏；$\Delta\omega_{2m}$ 为调频特性非线性产生的二次谐波最大角频偏。

为了减小失真和降低中心频率的偏移，在 $\gamma \neq 2$ 时，调制信号的幅度不能过大，但此时最大频偏 $\Delta\omega_m$ 也会减小。

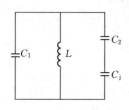

图 6.2.4　变容二极管部分接入振荡回路

为了提高变容二极管直接调频电路中心频率的稳定度，改善调频特性的线性度，减小高频振荡电压对变容二极管电容特性的影响，可将变容二极管部分接入振荡回路，如图 6.2.4 所示，图中变容二极管串联 C_1，并联 C_2 后接入振荡回路。如此一来，C_j 回路振荡频率的影响减小，提高了中心频率的稳定度，减小了寄生调制，同时适当调节 C_1、C_2 可使调频特性接近于线性。但由于 C_j 对振荡频率的影响减小了，其调制灵敏度和最大频偏都将会减小。

6.2.2.2　电路实例

图 6.2.5（a）是变容管部分接入直接调频的典型电路，图中 $12\mu H$ 的电感为高频扼流圈，对高频相当于开路，$1000pF$ 电容为高频滤波电容。振荡回路由 $10pF$、$15pF$、$33pF$ 电容、可调电感及变容二极管组成，其简化高频电路如图 6.2.5（b）所示，由此可以看出，这是一个电容反馈三点式振荡器线路。两个变容管为反向串联组态；直流偏置同时加至两管正端，调制信号经 $12\mu H$ 电感（相当于短路）加至两管负端，所以对直流及调制信号来说，两个变容管是并联的。对高频而言，两变容管是串联的，总变容管电容 $C_j' = C_j/2$。这样，加到每个变容管的高频电压就降低一半，从而可以减弱高频电压对电容的影响；同时，采用反向串联组态，在高频信号的任意半周期内，一个变容管的寄生电容（即前述平均电容）增大，另一个则减小，二者相互抵消，能减弱寄生调制。这个电路与采用

单变容管时相比较，在 Δf_{m} 要求相同时，由于系数 P 的加大，m 值就可以降低。另外，改变变容管偏置及调节电感 L 可使该电路的中心频率在 $50 \sim 100 \mathrm{MHz}$ 范围内变化。

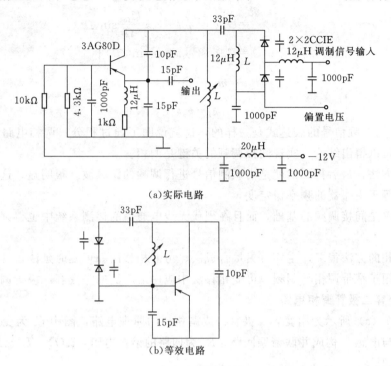

(a)实际电路

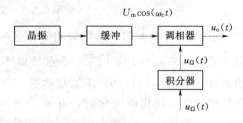

(b)等效电路

图 6.2.5　变容二极管直接调频电路举例

6.2.3　变容二极管间接调频电路

6.2.3.1　间接调频的基本原理

从前面的学习可知，为了提高直接调频时中心频率的稳定度，需要采取一定的措施。所采取的措施中，晶体振荡器直接调频的稳定度还是不够，且它的相对频移过小；自动控制系统和锁相环路稳频，这种方法虽然不会减小频偏，可是电路过于复杂。所以，间接调频时提高中心频率稳定度的一种简单而有效的方法。

间接调频可以借助于调相来实现调频。它之所以能获得很高的频率稳定度，在于它可以采用稳定度很高的振荡器（例如石英晶体振荡器）作为主振器，而且调制不在主振器中进行。也就是说，在放大器中用积分后的调制信号，对主振器送来的载波信号进行调相。

设图 6.2.6 中调制信号 $u_{\Omega}(t) = U_{\Omega\mathrm{m}} \cos(\Omega t)$ 经过积分后，得

图 6.2.6　间接调频电路组成

$$u'_{\Omega}(t) = k \int_{0}^{t} u_{\Omega} \mathrm{d}t = k \frac{U_{\Omega\mathrm{m}}}{\Omega} \sin(\Omega t) \tag{6.2.7}$$

用它对晶体振荡器送来的载波信号 $U_m\cos(\omega_c t)$ 进行调相，则

$$u_o(t)=U_m\cos[\omega_c t+k_p u'_\Omega(t)]$$

$$=U_m\cos\left[\omega_c t+k_p k\frac{U_{\Omega m}}{\Omega}\sin(\Omega t)\right]$$

$$=U_m\cos[\omega_c t+m_f\sin(\Omega t)]\qquad(6.2.8)$$

其中

$$m_f=\frac{k_f U_{\Omega m}}{\Omega}$$

$$k_f=k_p k$$

式（6.2.8）与调频信号的表达式是一样的，这就说明了通过积分、调相电路可间接获得调频信号。可以得出结论，实现间接调频的关键是调相。

用这种方法，最后得到的就是由调制信号进行调频的调频波。很明显，这时中心频率的稳定度就等于主振器的频率稳定度。

调相不仅是间接调频的基础，而且在现代无线电通信的遥测系统中也得到了日益广泛的应用。

实现调相的方法很多，主要有矢量合成法、可变相移法和可变时延法。其中，矢量合成法主要适用于窄带调相与调频；可变相移法中应用最广泛的是变容二极管调相电路。

6.2.3.2　变容二极管调相电路

图 6.2.7（a）所示为用变容二极管构成调相器的原理电路，图中 C_j 为变容二极管的结电容，它与电感 L 构成并联谐振回路，R_e 为回路的谐振电阻，$i_s(t)=I_{sm}\cos(\omega_c t)$ 为载波输入电流源。

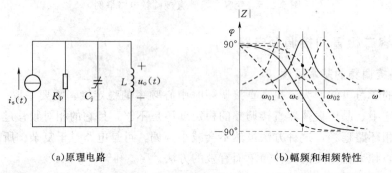

（a）原理电路　　　　　　　　　　（b）幅频和相频特性

图 6.2.7　变容二极管调相电路

由于 C_j 为受调制电压控制的变容二极管结电容，当未加调制电压时 $C_j=C_{jQ}$，这时回路的谐振频率 $\omega_0=1/\sqrt{LC_{jQ}}$。令载波频率 $\omega_c=\omega_0$，则并联谐振回路复阻抗的幅频特性和相频特性如图 6.2.7（b）中实线所示。回路在 ω_c 上的阻抗幅值最大，相移为零。当 C_j 随外加控制电压变化而变化时，并联谐振回路的阻抗特性将在频率轴上移动，如图 6.2.7（b）中虚线所示。C_j 增大时，并联回路谐振频率下降为 ω_{01}，回路阻抗特性曲线都向左移，对于载频 ω_c，回路阻抗幅值下降，相移减小为 φ_1（为负值）；C_j 减小时，并联回路谐振频率升高为 ω_{02}，回路阻抗特性曲线都向右移，对于载频 ω_c，回路阻抗幅值也是下降的，但是相移增大为 φ_2（为正值）。

由此可见，当载波频率保持为 ω_c 不变时，C_j 随调制电压的变化而变化，并联回路两

端输出电压的幅度和相位也将随之变化，其中相位将在零值上下变化，从而达到调相的目的。

由图 6.2.7 可得回路两端的输出电压为

$$u_o(t) = I_{sm} Z(\omega_c) \cos[\omega_c t + \varphi(\omega_c)] \tag{6.2.9}$$

式中：$Z(\omega_c)$ 和 $\varphi(\omega_c)$ 分别为谐振回路在 ω_c 频率上呈现的阻抗幅值和相移。

由于并联谐振回路的谐振频率 $\omega_0(t)$ 是随调制信号而变化的，所以回路在 ω_c 频率上所呈现的相移 $\varphi(\omega_c)$ 也是随着调制信号而变化的。在变容二极管工作状态选择合理且相位变化 $\pm 30°$ 范围内时，相移 $\varphi(\omega_c)$ 与调制电压成正比，当调制信号 $u_\Omega = U_{\Omega m} \cos(\Omega t)$ 时，可证明

$$\varphi(\omega_c) \approx \gamma Q_e m_c \cos(\Omega t) \tag{6.2.10}$$

其中

$$m_c = U_{\Omega m} / (U_B + U_Q)$$

式中：Q_e 为并联回路的有载品质因数；m_c 为变容二极管的电容调制度；γ 为变容二极管的电容变化指数。

$$u_o(t) = I_{sm} Z(\omega_c) \cos[\omega_c t + \gamma m_c Q_e \cos(\Omega t)] \tag{6.2.11}$$

其调相指数和最大角频偏分别是

$$m_p = \gamma m_c Q_e$$
$$\Delta \omega_m = \gamma m_c Q_e \Omega \tag{6.2.12}$$

需要指出的是，由于谐振回路阻抗幅频特性是不均匀的，所以变容二极管调相电路输出电压的幅度亦受到调制信号的控制，从而产生明显的变化，我们把这称为寄生调幅。另外，当 $|\varphi(\omega_c)| > 30°$ 时，即回路失谐较大时，由于并联回路相频特性是非线性的，调相将产生较大的非线性失真。由式（6.2.10）和式（6.2.12）可以看出，调相信号的调相指数等于调相电路的最大相位偏移。所以，要实现线性调相，必须要限制最大相移使之小于 $30°$，即 $(\pi/6) \text{rad} \approx 0.5 \text{rad}$ 或 $m_p = 0.5$，所以调相信号的频偏不可能很大。为了增大频偏，可以采用多级单回路构成的变容二极管调相电路。

任务 6.3　鉴频电路的设计

任务描述

调角信号的解调就是将已调波恢复成原调制信号的过程。调频信号的解调电路称为频率检波器或鉴频器；调相信号的解调电路称为相位检波器或鉴相器。

任务目标

- 了解鉴频、鉴相的基本概念。
- 理解鉴频的实现方法和主要的性能指标。
- 理解鉴频特性曲线的意义。
- 掌握斜率鉴频器、相位鉴频器、脉冲计数式鉴频器、锁相环鉴频器的工作原理。

6.3.1　鉴频电路的基本原理及特性

在超外差式的调频接收机中，鉴频通常在中频频率上进行，如调频广播接收机的中频

频率 10.7MHz，但是随着技术的发展，现在也有在基带上用数字信号处理的方法。在调频信号产生、传输和通过调频接收机前端电路的过程中，不可避免地要引入干扰和噪声。干扰和噪声对调频信号的影响，主要表现为调频信号出现了不希望有的寄生调幅和寄生调频。一般在末级中放和鉴频器之间设置限幅器就可以消除由寄生调幅所引起的鉴频器的输出噪声。可见，限幅与鉴频一般是连用的，统称为限幅鉴频器。若调频信号的调频指数较大，它本身就可以抑制寄生调频。

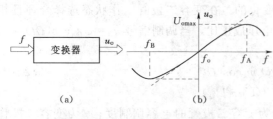

图 6.3.1　鉴频器及鉴频特性

就功能而言，鉴频器是一个将输入调频信号的瞬时频率 f（或频偏 Δf）变换为相应的解调输出电压 u_o 的变换器，如图 6.3.1（a）所示。通常将此变换器的变换特性称为鉴频特性，用曲线表示为输出电压 u_o 与瞬时频率 f 或频偏 Δf 之间的关系曲线，称为鉴频特性曲线。

在线性解调的理想情况下，此曲线为一直线，但实际上往往有弯曲，呈"S"形，简称"S"曲线，如图 6.3.1（b）所示。鉴频器的主要性能指标大都与鉴频特性曲线有关。

鉴频器的主要性能指标有以下几个。

1. 鉴频器中心频率 f_o

鉴频器中心频率对应于鉴频特性曲线原点处的频率。在接收机中，鉴频器位于中频放大器之后，其中心频率应与中频频率 f_{IF} 一致。在鉴频器中，通常将中频频率 f_{IF} 写作 f_C，因此也认为鉴频器中心频率为 f_C。

2. 鉴频带宽 B_m

能够不失真地解调所允许的输入信号频率变化的最大范围称为鉴频器的鉴频带宽，它可以近似地衡量鉴频特性线性区宽度。在图 6.3.1（b）中，它指的是鉴频特性曲线左右两个最大值（$\pm U_{omax}$）对应的频率间隔，因此也称峰值带宽。鉴频特性曲线一般是左右对称的，若峰值点的频偏为 $\Delta f_A = f_A - f_C = f_C - f_B$，则 $B_m = 2\Delta f_A$。对于鉴频器来讲，要求线性范围宽（$B_m > 2\Delta f_m$）。

3. 线性度

为了实现线性鉴频，鉴频特性曲线在鉴频带宽内必须呈线性。但在实际上，鉴频特性在两峰之间都存在一定的非线性，通常只有在 $\Delta f = 0$ 附近才有较好的线性。

4. 鉴频跨导 S_D

所谓鉴频跨导，就是鉴频特性在载频处的斜率，它表示的是单位频偏所能产生的解调输出电压。鉴频跨导又称为鉴频灵敏度，用公式表示为

$$S_D = \frac{du_o}{df}\bigg|_{f=f_c} = \frac{du_o}{d\Delta f}\bigg|_{\Delta f=0} \tag{6.3.1}$$

鉴频跨导也可以理解为鉴频器将输入频率转换为输出电压的能力或效率，因此，鉴频跨导又可以称为鉴频效率。

顺便指出，调频制具有良好的抗噪声能力，是以鉴频器输入为高信噪比为条件的，一旦鉴频器输入信噪比低于规定的门限值，鉴频器的输出信噪比将急剧下降，甚至无法接

收。这种现象称为门限效应。实际上，各种鉴频器都存在门限效应，只是门限电平的大小不同而已。

6.3.2　斜率鉴频器

6.3.2.1　基本原理

斜率鉴频器的实现模型如图 6.3.2 所示，首先，将等幅信号 $u_s(t)$ 送入频率-振幅线性变换网络，将信号变换成幅度与频率成正比变化的调幅-调频信号，然后再用包络检波器对其进行检波，还原出原来的调制信号。

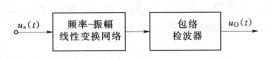

图 6.3.2　斜率鉴频器实现模型

6.3.2.2　实现电路

斜率鉴频器的原理电路如图 6.3.3（a）所示，它是由单失谐回路和二极管包络检波电路组成的。LC 并联谐振回路调谐在高于或低于调频信号中心频率 f_c 上，使谐振回路在 f_c 处于失谐状态，根据回路谐振曲线的上升或下降特性，实现频率-振幅的变换，将等幅的调频信号变成调幅-调频信号，如图 6.3.3（b）所示。二极管 V 和 R_1C_1 组成包络检波电路，用于对调幅-调频信号进行振幅检波。

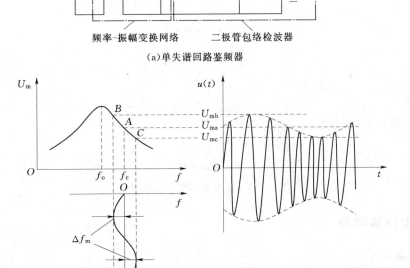

（a）单失谐回路鉴频器

（b）调制信号变为调幅-调频信号

图 6.3.3　斜率鉴频器工作原理

由于单谐振回路谐振曲线的线性度比较差，因此，单失谐回路斜率鉴频器输出波形失真较大，质量不是很高。实用中斜率鉴频器通常采用双失谐回路的平衡电路，如图 6.3.4

（a）所示。图中变压器的二次侧有两个谐振曲线相同的并联谐振回路，但它们的谐振频率应对称地调谐在调频信号中心频率 f_c 的内侧，如使 $f_{o2} - f_c = f_c - f_{o1}$，如图 6.3.4（b）所示，并要求这个差值必须大于调频信号的最大频偏 Δf_m。在输入调频信号的作用下，分别在两个谐振回路上产生两个幅度相反变化的调幅-调频信号 $u_1(t)$ 和 $u_2(t)$，经过各自的包络检波器的检波得到 u_{o1} 和 u_{o2}，鉴频器的输出电压 $u_o = u_{o1} - u_{o2}$。当 $f = f_c$ 时，$u_1(t) = u_2(t)$，$u_{o1} = u_{o2}$，所以，$u_o = 0$；当 $f > f_c$ 时，$u_1(t) < u_2(t)$，$u_{o1} < u_{o2}$，此时 $u_o < 0$，为负值；当 $f < f_c$ 时，$u_1(t) > u_2(t)$，$u_{o1} > u_{o2}$，此时 $u_o > 0$，为正值。由以上分析，可得鉴频特性如图 6.3.4（c）所示。

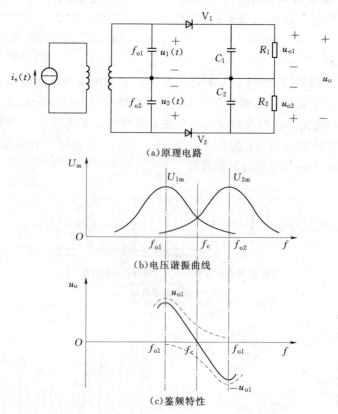

图 6.3.4 双失谐回路斜率鉴频器

6.3.3 相位鉴频器

6.3.3.1 基本原理

相位鉴频器的实现模型如图 6.3.5 所示，首先，将等幅信号 $u_s(t)$ 送入频率-相位线性变换网络，将信号变换成幅度与频率成正比变化的调相-调频信号，然后再用相位检波器对其进行检波，还原出原来的调制信号。

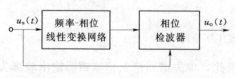

图 6.3.5 相位鉴频器实现模型

6.3.3.2 实现方法

实现的频率-相位变换网络都是采用在谐振

频率附近具有线性相频特性的并联谐振回路。为了保证鉴频特性在 f_0 上输出为零，对频率-相位变化网络还要求能提供 90°的附加相移，所以实际的频率-相位变化网络常采用在并联谐振回路上串联一电容，或采用互感耦合谐振回路。

相位检波器又称为鉴相器，用它可以检出两个信号之间的相位差，完成相位差-电压变化作用。它有乘积型和叠加型两种实现电路，因此相位鉴频器有乘积型和叠加型相位鉴频器，它们的组成模型如图 6.3.6（a）、（b）所示。

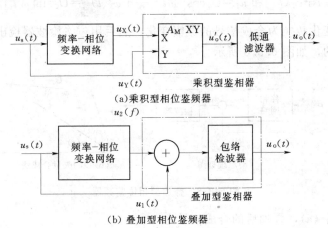

（a）乘积型相位鉴频器

（b）叠加型相位鉴频器

图 6.3.6 相位鉴频器组成模型

下面对这两种相位鉴频器分别描述。

1. 乘积型相位鉴频器

利用乘积型鉴相器实现鉴频的方法称为乘积型相位鉴频法或积分（Quadrature）鉴频法。在乘积型相位鉴频器中，线性相移网络通常是单谐振回路（也可以是耦合回路），而相位检波器为乘积型鉴相器，如图 6.3.7 所示，图中，输入调频信号为

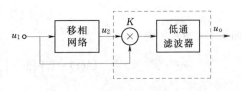

图 6.3.7 乘积型相位鉴频器

$$u_1 = U_1 \cos[\omega_c t + m_f \sin(\Omega t)]$$
$$u_2 = U_2 \cos[\omega_c t + m_f \sin(\Omega t) + \varphi_e(t)]$$

u_1 和 u_2 的相位差为

$$\varphi_e(t) = \frac{\pi}{2} - \arctan\left(\frac{2Q_0 \Delta f}{f_0}\right)$$

f_0 和 Q_0 分别为谐振回路（或耦合回路）的谐振频率和品质因数，$f_0 = f_c$。设乘法器的乘积因子为 K，则经相乘器和低通滤波器后的输出电压为

$$u_o = \frac{K}{2} U_1 U_2 \sin\arctan\frac{2Q_0 \Delta f}{f_0} \tag{6.3.2}$$

由式（6.3.2）可知乘积型相位鉴频器的鉴频特性呈正弦形。当 $\Delta f / f_0 \ll 1$ 时，$u_o = KU_1U_2Q_0\Delta f/f_0$，可见，鉴频器输出与输入信号的频偏成正比。

需要注意的是，鉴频器既然是频谱的非线性变换电路，它就不能简单地用乘法器来实现，因此，这里采用的电路模型是有局限性的，只有在相偏较小时才近似成立。其中的乘法器通常采用集成模拟乘法器或（双）平衡调制器实现。当两输入信号幅度都很大时，由于乘法器内部的限幅作用，鉴相特性趋近于三角形。

2. 叠加型相位鉴频法

利用叠加型鉴相器实现鉴频的方法称为叠加型相位鉴频法。对于叠加型鉴相器，就是先将 $u_1 = U_1\cos[\omega_c t + \varphi_1(t)]$ 和 $u_2 = U_2\cos\left[\omega_c t - \dfrac{\pi}{2} + \varphi_2(t)\right] = U_2\sin[\omega_c t + \varphi_2(t)]$ 相加，把两者的相位差的变化转换为合成信号的振幅变化，然后用包络检波器检出其振幅变化，从而达到鉴相的目的，如图 6.3.8 所示。

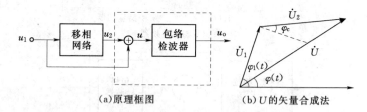

(a)原理框图　　　　　　(b) U 的矢量合成法

图 6.3.8　叠加型相位鉴频器

对于图 6.3.8 （a），叠加后的合成信号为

$$u = U(t)\cos[\omega_c t + \varphi(t)] \tag{6.3.3}$$

式 （6.3.3） 中，$U(t)$ 为合成信号的振幅，为

$$
\begin{aligned}
U(t) &= U_1^2 + U_2^2 - 2U_1 U_2 \cos\left[\frac{\pi}{2} + \varphi_e(t)\right] \\
&= U_1^2 + U_2^2 + 2U_1 U_2 \sin[\varphi_e(t)]
\end{aligned}
\tag{6.3.4}
$$

如果 $U_2 \gg U_1$，则

$$
\begin{aligned}
U(t) &= U_2^2\left\{1 + \left(\frac{U_1}{U_2}\right)^2 + 2\frac{U_1}{U_2}\sin[\varphi_e(t)]\right\} \\
&\approx U_2^2\left\{1 + \frac{U_1}{U_2}\sin[\varphi_e(t)]\right\}
\end{aligned}
\tag{6.3.5}
$$

同理，如果 $U_1 \gg U_2$，则

$$U(t) \approx U_1^2\left\{1 + \frac{U_2}{U_1}\sin[\varphi_e(t)]\right\} \tag{6.3.6}$$

对它们进行包络检波，则鉴相器输出为

$$u_o = k_d U(t) \tag{6.3.7}$$

式中：k_d 为包络检波器的检波系数。可见，在这两种情况下，鉴相特性为正弦形。在 $\varphi_e(t)$ 较小时，$U(t)$ 与 $\varphi_e(t)$ 近似呈线性关系。

在实际中，为了抵消上面式子中的直流项，扩大线性鉴频范围，通常采用平衡方式，差动输出，如图 6.3.9 所示，这样还可以使有用成分加倍。对于平衡方式，如果 $U_1 = U_2$，鉴相输出电压为 U_1、U_2 相差较大时的 2 倍，鉴相特性近似为三角形，线性鉴频范围扩展为 U_1、U_2 相差较大时的 2 倍。因此，在实际应用中，常把 U_1、U_2 调成接近相等。

在叠加型相位鉴频器中，具有线性的频相转换特性的变换电路（移相网络）一般用耦

合回路来实现（π/2固定相移也由耦合回路引入），因此
也称为耦合回路相位鉴频法。耦合回路的初、次级电压
间的相位差随输入调频信号瞬时频率变化。耦合回路可
以是互感耦合回路，也可以是电容耦合回路。

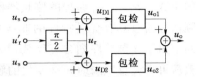

叠加型鉴相器的工作过程实际包括两个动作：首先
通过叠加作用，将两个信号电压之间的相位差变化相应
地变为合成信号的包络变化（FM-PM-AM信号），然

图 6.3.9 平衡叠加型相位
鉴频器原理框图

后由包络检波器将其包络检出。因此，从原理上讲，叠加型相位鉴频器也可以认为是一种
振幅鉴频器。但与斜率鉴频器不同，叠加型相位鉴频器中耦合回路的初、次级电路是同频
的，它们均调谐于信号的载频 f_c 上。而且在一般情况下，初、次级回路具有相同的参数。
需要特别指出，可以利用相位鉴频法中的鉴相器实现鉴相。

6.3.4 脉冲计数式鉴频器

6.3.4.1 基本原理

脉冲计数式鉴频器的实现模型如图 6.3.10 所示，首先，将等幅信号 $u_s(t)$ 送入非线
性变换网络，将信号变换成调频等宽脉冲序列，
该等宽脉冲序列含有反映瞬时频率变化的平均分
量，然后通过低通滤波器可以输出能反映平均分
量变化的电压，还原出原来的调制信号。

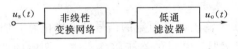

图 6.3.10 脉冲计数式鉴频器实现模型

6.3.4.2 实现方法

脉冲计数式鉴频器有很多实现电路，图 6.3.11 是其中一种实现电路的组成及工作
波形。

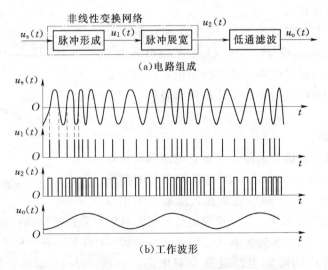

图 6.3.11 脉冲计数式鉴频器电路的组成及工作波形

这时，调频信号的信息寄托在已调波的频率上。从某种意义上讲，信号频率就是信号
电压或电流波形过零点（或零交点）次数。对于脉冲或数字信号，信号频率就是信号脉冲

的个数。基于这种原理的鉴频器称为零交点鉴频器或脉冲计数式鉴频器。它是先将输入调频信号通过具有合适特性的非线性变换网络（频率-电压变换），使它变换为调频脉冲序列。由于该脉冲序列含有反映瞬时频率变化的平均分量，因而，将该调频脉冲序列直接计数就可得到反映瞬时频率变化的解调电压，或者通过低通滤波器的平滑而得到反映瞬时频率变化的平均分量的输出解调电压。

脉冲计数式鉴频法是直接鉴频法，其鉴频特性的线性度高，线性鉴频范围宽，便于集成。但是，其最高工作频率受脉冲序列的最小脉宽 $\tau_{\min}$ 的限制。$\tau_{\min} < 1/(f_c + \Delta f_m)$，经过改进后，可使工作频率提高到 100MHz 左右。目前，在一些高级的收音机中已开始采用这种电路。

6.3.5　限幅器

6.3.5.1　基本原理

调频信号在产生和处理工程中，总会或多或少地附带有寄生调幅，这种寄生调幅或是固有的，或是由噪声和干扰产生的，所以，在鉴频前必须要通过限幅器将它消除掉。硬限幅器要求的输入信号电压较大，约 1～3V，因此，其前面的中频放大器的增益要高，级数较多。

所谓限幅器，就是把输入幅度变化的信号变换为输出幅度恒定的信号的变换电路，组成框图如图 6.3.12（a）所示。在鉴频器中采用限幅器，其目的在于将具有寄生调幅的调频波变换为等幅的调频波。限幅器分为瞬时限幅器和振幅限幅器两种。脉冲计数式鉴频器中的限幅器属于瞬时限幅器，其作用是把输入的调频波变为等幅的调频方波。振幅限幅器的实现电路很多，但若在瞬时限幅器后面接上带通滤波器，取出等幅调频方波中的基波分量，也可以构成振幅限幅器。但这个滤波器的带宽应足够宽，否则会因滤波器的传输特性不好而引入新的寄生调幅。

振幅限幅器的性能可由图 6.3.12（b）所示的限幅特性曲线表示。图 6.3.12（b）中，U_p 表示限幅器进入限幅状态的最小输入信号电压，称为门限电压。对限幅器的要求主要是在限幅区内要有平坦的限幅特性，门限电压要尽量小。

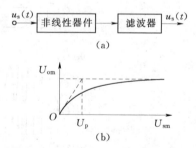

图 6.3.12　限幅器及其特性曲线

6.3.5.2　实现电路

限幅电路一般有二极管电路、三极管电路和集成电路三类。典型的二极管限幅器（瞬时限幅器）电路简单，如图 6.3.13 所示，限幅特性对称，限幅输出中没有直流分量和偶次谐波成分。三极管限幅器是利用饱和和截止效应进行限幅的，同时具有一定的放大能力。高频功率放大器在过压区（饱和状态）就是一种三极管限幅器。

集成电路中常用的限幅电路是差分对电路，如图 6.3.14 所示，当输入电压大于 100mV 时，电路就进入限幅状态。它通常是利用截止特性进行限幅的，因此不受基区载流子存储效应的影响，工作频率较高。为了降低限幅门限，常常在差分对限幅器前增设多级放大器，构成多级差分限幅放大器。

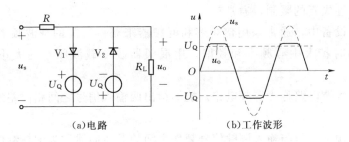

（a）电路　　　　　　　　（b）工作波形

图 6.3.13　二极管限幅器

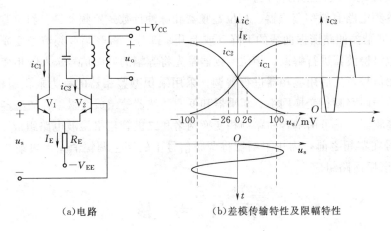

（a）电路　　　　　　　　（b）差模传输特性及限幅特性

图 6.3.14　差分对限幅器

6.3.6　锁相鉴频器

这是利用锁相环路进行鉴频的一种鉴频方法，这种方法在集成电路中运用很广，锁相鉴频器将在下一项目再详细学习。

项 目 小 结

调频和调相都表现为载波信号的瞬时相位受到调变，故统称角度调制。调频信号与调相信号有类似的表示式和基本特性，但调频信号是由调制信号去改变载波信号的频率，使其瞬时角频率 $\omega(t)$ 在载波角频率 ω_c 上下按调制信号的规律而变化，即 $\omega(t)=\omega_c+k_f u_\Omega(t)$，而调相是用调制信号去改变载波信号的相位，使其瞬时相位 $\varphi(t)$ 在 $\omega_c t$ 上叠加按调制信号规律变化的附加相移，即 $\varphi(t)=\omega_c t+k_p u_\Omega(t)$。角度调制具有抗干扰能力强和设备利用率高等优点，但调角信号的有效频谱带宽比调幅信号大得多。

产生调频信号的方法有很多，通常可分为直接调频和间接调频两类。直接调频是用调制信号直接控制振荡器振荡回路元件的参量而获得调频信号，其优点是能获得大的频偏，但中心频率的稳定度低；间接调频是先将调制信号积分，然后对载波信号进行调相而获得调频信号，其优点是中心频率稳定度高，缺点是难以获得大的频偏。

常采用变容二极管构成直接调频和间接调频电路。变容二极管调频电路的最大频偏受到调频信号非线性失真的限制，通常较小。

在实际调频设备中，通常采用倍频器和混频器来获得所需的载波频率和最大线性频偏：用倍频器同时扩大中心频率和频偏，用混频器改变载波频率的大小，使之达到所需值。

调频信号的解调电路称为鉴频电路。能够检出两输入信号之间相位差的电路称为鉴相电路。

鉴频电路的输出电压与输入调频信号频率之间的关系曲线称为鉴频特性，通常希望鉴频特性曲线要陡峭，线性范围要大。

常用的鉴频电路有斜率鉴频器、相位鉴频器和脉冲计数式鉴频器等。斜率鉴频器通常是先利用 LC 并联谐振回路谐振曲线的下降（或上升）部分，将等幅调频信号变成调幅调频信号，然后用包络检波器进行解调。相位鉴频器是先将等幅的调频信号送入频相变换网络，变换成调相调频信号，然后用鉴相器进行解调。采用乘积型鉴相器的称为乘积型相位鉴频器，它通常由单谐振回路频相变换网络、相乘器和低通滤波器等组成。采用叠加型鉴相器的称为叠加型相位鉴频器，它可由耦合回路频相变换网络和二极管包络检波电路组成。

调频信号在鉴频之前，需用限幅器将调频信号中的寄生调幅消除。限幅器通常由非线性元器 件和谐振回路组成。

项 目 考 核

《通信电子线路》项目考核表

考核日期：　　　　　　　　　　　　　　　　　　　　　　　　　　　　表号：考核 6-1

班级		学号		姓名	
项目名称：角度调制的分析					
1. 画出调频信号的数学表达式及时域波形图。					
2. 画出调相信号的数学表达式及时域波形图。					
3. 对调幅、调频、调相信号进行比较，说出它们各自的优缺点。					
4. 已知载波输出信号为 $u_c(t)=U_m\cos(\omega_c t)$，调制信号 $u_\Omega(t)=U_{\Omega m}\cos(\Omega t)$，调制灵敏度为 k，请列表写出普通调幅波、调频波和调相波的振幅、瞬时角频率、瞬时相位和输出电压表达式，最后画出它们相应的波形。					

《通信电子线路》项目考核表

考核日期：   表号：考核 6 - 2

班级		学号		姓名	

项目名称：调频电路的设计

1. 简述变容二极管直接调频电路的工作原理。

2. 画出间接调频电路的组成框图，并与直接调频电路对比，说出两者的区别于联系以及各自的优缺点。

3. 设计一个变容二极管全部接入回路的调频电路。

《通信电子线路》项目考核表

考核日期：   表号：考核 6 - 3

班级		学号		姓名	

项目名称：鉴频电路的设计

1. 区分鉴频与鉴相的定义。

2. 画出鉴频特性曲线图。

3. 鉴频的实现方法有哪几种？分别描述各电路的特征。

《通信电子线路》项目考核表

考核日期：　　　　　　　　　　　　　　　　　　　　　　　　　表号：考核 6－4

班级		学号		姓名	

项目名称：角度调制与解调电路的分析与设计

1. 已知调制信号 $u_\Omega=8\cos(2\pi\times10^3 t)$V，载波输出电压 $u_o(t)=5\cos(2\pi\times10^6 t)$V，$k_f=2\pi\times10^3$rad/(s・V)，试求调频信号的调频指数 m_f、最大频偏 Δf_m 和有效频谱带宽 BW，写出调频信号表示式。

2. 已知调频信号 $u_o(t)=3\cos[2\pi\times10^7 t+5\sin(2\pi\times10^2 t)]$V，$k_f=10^3$rad/(s・V)，试：（1）求该调频信号的最大相位偏移 m_f、最大频偏 Δf_m 和有效频谱带宽 BW；（2）写出调制信号和载波输出电压表示式。

3. 已知载波信号 $u_o(t)=U_m\cos(\omega_c t)$，调制信号 $u_\Omega(t)$ 为周期性方波，如图 P6.1 所示，试画出调频信号、瞬时角频率偏移 $\Delta\omega(t)$ 和瞬时相位偏移 $\Delta\varphi(t)$ 的波形。

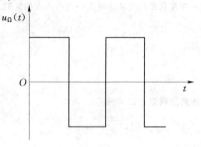

图 P6.1

4. 调频信号的最大频偏为 75kHz，当调制信号频率分别为 100Hz 和 15kHz 时，求调频信号的 m_f 和 BW。

5. 已知调制信号 $u_\Omega(t)=6\cos(4\pi\times10^3 t)$V、载波输出电压 $u_o(t)=2\cos(2\pi\times10^8 t)$V，$k_p=2$rad/V。试求调相信号的调相指数 m_p、最大频偏 Δf_m 和有效频谱带宽 BW，并写出调相信号的表示式。

6. 设载波为余弦信号，频率 $f_c=25$MHz、振幅 $U_m=4$V，调制信号为单频正弦波、频率 $F=400$Hz，若最大频偏 $\Delta f_m=10$kHz，试分别写出调频和调相信号表示式。

7. 已知载波电压 $u_o(t)=2\cos(2\pi\times10^7 t)$V，现用低频信号 $u_\Omega(t)=U_{\Omega m}\cos(2\pi Ft)$ 对其进行调频和调相，当 $U_{\Omega m}=5$V、$F=1$kHz 时，调频和调相指数均为 10rad，求此时调频和调相信号的 Δf_m、BW；若调制信号 $U_{\Omega m}$ 不变，F 分别变为 100Hz 和 10kHz 时，求调频、调相信号的 Δf_m 和 BW。

8. 直接调频电路的振荡回路如图 P6.2 所示。变容二极管的参数为：$U_B=0.6$V，$\gamma=2$，$C_{jQ}=15$pF。已知 $L=20\mu H$，$U_Q=6$V，$u_\Omega=0.6\cos(10\pi\times10^3 t)$V，试求调频信号的中心频率 f_c、最大频偏 Δf_m 和调频灵敏度 S_F。

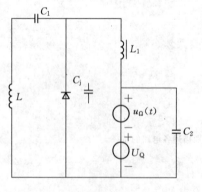

图 P6.2

班级		学号		姓名	

项目名称：角度调制与解调电路的分析与设计

9. 变容二极管直接调频电路如图 P6.3 所示，画出振荡部分交流通路，分析调频电路的工作原理，并说明各主要元件的作用。

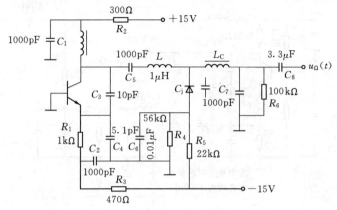

图 P6.3

10. 变容二极管直接调频电路如图 P6.4 所示，试画出振荡电路简化交流通路，变容二极管的直流通路及调制信号通路；当 $U_\Omega(t)=0$ 时，$C_{jQ}=60\text{pF}$，求振荡频率 f_c。

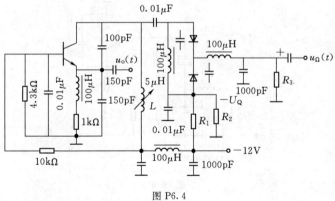

图 P6.4

班级		学号		姓名	

项目名称：角度调制与解调电路的分析与设计

11. 图 P6.5 所示为晶体振荡器直接调频电路，画出振荡部分交流通路，说明其工作原理，同时指出电路中各主要元件的作用。

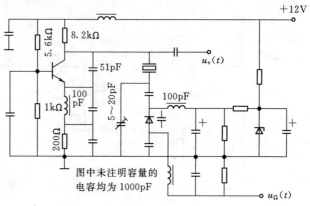

图 P6.5

12. 晶体振荡器直接调频电路如图 P6.6 所示，试画交流通路，说明电路的调频工作原理。

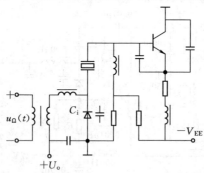

图 P6.6

班级		学号		姓名	

项目名称：角度调制与解调电路的分析与设计

13. 图 P6.7 所示为单回路变容二极管调相电路，图中，C_3 为高频旁路电容，$u_\Omega(t) = U_{\Omega m}\cos(2\pi Ft)$，变容二极管的参数为 $\gamma = 2$，$U_B = 1V$，回路等效品质因数 $Q_e = 15$。试求下列情况时的调相指数 m_p 和最大频偏 Δf_m：
(1) $U_{\Omega m} = 0.1V$，$F = 1000Hz$；(2) $U_{\Omega m} = 0.1V$，$F = 2000Hz$；(3) $U_{\Omega m} = 0.05V$，$F = 1000Hz$。

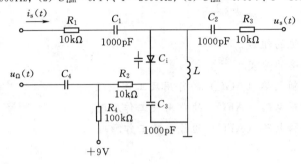

图 P6.7

14. 鉴频器输入调频信号 $u_s(t) = 3\cos[2\pi \times 10^6 t + 16\sin(2\pi \times 10^3 t)]$V，鉴频灵敏度 $S_D = 5mV/kHz$，线性鉴频范围 $2\Delta f_{max} = 50kHz$，试画出鉴频特性曲线及鉴频输出电压波形。

15. 图 P6.8 所示两个电路中，哪个能实现包络检波，哪个能实现鉴频，相应的回路参数应如何配置？

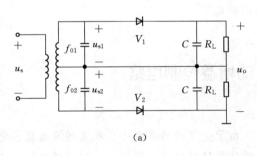 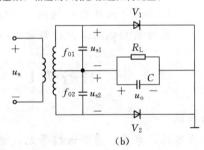

(a)   (b)

图 P6.8

项目7 分析反馈控制电路

项目内容

- 反馈控制系统的组成。
- 反馈控制电路的分类。
- 自动增益控制电路（AGC）的作用及工作原理。
- 自动频率控制电路（AFC）的作用及工作原理。
- 自动相位控制电路（APC）的作用及工作原理。

知识目标

- 了解各类反馈控制电路的组成。
- 掌握自动增益控制电路、自动频率控制电路及自动相位控制电路的性能指标。
- 理解鉴相器、环路滤波器和压控振荡器的数学模型及基本特性。
- 掌握频率合成器的主要性能指标，理解各类频率合成器。

能力目标

- 能够设计出具有简单自动增益控制电路的调幅接收机。
- 能够设计出具有自动频率控制电路的调频发射机。
- 能对锁相环的工作过程做定性分析。

任务7.1 分析自动增益控制电路

任务描述

在通信、导航、遥测遥控等无线电系统中，由于受发射功率大小、收发距离远近、电波传播衰落等各种因素的影响，接收机所接收的信号强弱变化范围很大，信号强度的变化可从几微伏至几毫伏，相差几十分贝。如果接收机增益不变，则信号太强时会造成接收机的饱和或阻塞，甚至使接收机损坏，而信号太弱时又可能被丢失。因此，在接收弱信号时，希望接收机有很高的增益，而在接收强信号时，接收机的增益应减小一些。这种要求靠人工增益控制（如接收机上的音量控制等）来实现是困难的，必须采用自动增益控制电路，使接收机的增益随输入信号强弱自动变化。自动增益控制电路是接收机中不可缺少的辅助电路。在发射机或其他电子设备中，自动增益电路也有广泛的应用。

任务目标

- 理解自动增益控制电路的电路组成。
- 掌握简单自动增益控制电路特性曲线。
- 掌握自动增益控制电路的性能指标。

7.1.1 工作原理

自动增益控制电路的作用是，当输入信号电压变化很大时，保持接收机输出电压恒定或基本不变。具体地说，当输入信号很弱时，接收机的增益大，自动增益控制电路不起作用；而当输入信号很强时，自动增益控制电路进行控制，使接收机的增益减小。这样，当接收信号强度变化时，接收机输出端的电压或功率基本不变或保持恒定。自动增益控制电路的组成如图 7.1.1 所示。

设输入信号振幅为 u_i，输出信号振幅为 u_o，可控增益放大器增益为 $K_v(u_c)$，则有

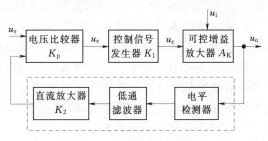

图 7.1.1 自动增益控制电路

$$u_o = K_v(u_c)u_i \tag{7.1.1}$$

在自动增益控制电路中，比较参量是信号电平，所以采用电压比较器。反馈网络由电平检测器、低通滤波器和直流放大器组成，检测出输出信号振幅电平（平均电平或峰值电平），滤除不需要的较高频率分量，进行适当放大后与恒定的参考电平 u_r 比较，产生一个误差信号 u_e。使这个误差信号 u_e 去控制可控增益放大器的增益。当 u_i 减小而使输出 u_o 减小时，环路产生的控制信号 u_c 将使增益 K_v 增加，从而使 u_o 趋于增大；当 u_i 增大而使输出 u_o 增大时，环路产生的控制信号 u_c 将使增益 K_v 减小，从而使 u_o 趋于减小。无论何种情况，通过环路的不断地循环反馈，会使输出信号振幅保持基本不变或仅在较小范围变化。

7.1.2 电路组成

根据输入信号的类型、特点以及对控制的要求，自动增益控制电路主要有以下几种类型。

1. 简单的自动增益控制电路

在简单自动增益控制电路里，参考电平 $u_r = 0$。这样，只要输入信号振幅 u_i 增加，自动增益控制电路就会使增益 K_v 减小，从而使输出信号振幅 u_o 减小。图 7.1.2 为简单自动增益控制电路的特性曲线。

简单自动增益控制电路的优点是线路简单，在实用电路中不需要电压比较器；主要缺点是一旦有外来信号，自动增益控制电路立即起作用，接收机的增益就受控制而减小。这对提高接收机的灵敏度是不利的，尤其在外来信号很微弱时。所以简单自动增益控制电路适用于输入信号振幅较大的场合。设 m_o 是自动增益控制电路限定的输出信号振幅最大值与最小值之比

图 7.1.2 简单自动增益控制电路的特性曲线

（输出动态范围），即

$$m_o = U_{omax}/U_{omin} \tag{7.1.2}$$

m_i 为自动增益控制电路限定的输入信号振幅最大值与最小值之比（输入动态范

围），即

$$m_i = U_{imax}/U_{imin} \tag{7.1.3}$$

则有

$$\frac{m_i}{m_o} = \frac{U_{imax}/U_{imin}}{U_{omax}/U_{omin}} = \frac{U_{omin}/U_{imin}}{U_{omax}/U_{imax}} = \frac{K_{vmax}}{K_{vmin}} = n_v \tag{7.1.4}$$

式中：K_{vmax} 为输入信号振幅最小时可控增益放大器的增益，显然，这应是它的最大增益；K_{vmin} 为输入信号振幅最大时可控增益放大器的增益，这应是它的最小增益。

比值 m_i/m_o 越大，表明自动增益控制电路输入动态范围越大，而输出动态范围越小，则自动增益控制电路性能越佳，这就要求可控增益放大的增益控制倍数 n_v 尽可能大，n_v 也可称为增益动态范围，通常用 dB 来表示。

2．延迟自动增益控制电路

在延迟自动增益控制电路里有一个启控门限，即比较器参考电压 U_R，它对应的输入信号振幅 U_{imin}，如图 7.1.3 所示。

当输入信号 U_i 小于 U_{imin} 时，反馈环路断开，自动增益控制电路不起作用，放大器 K_v 不变，输出信号 U_o 与输入信号 U_i 呈线性关系。当 U_i 大于 U_{imin} 后，反馈环路接通，自动增益控制电路才开始产生误差信号和控制信号，使放大器增益 K_v 有所减小，保持输出信号 U_o 基本恒定或仅有微小变化。这种自动增益控制电路由于需要延迟到当 U_i 大于 U_{imin} 之后才开始起控制作用，故称为延迟自动增益控制电路。

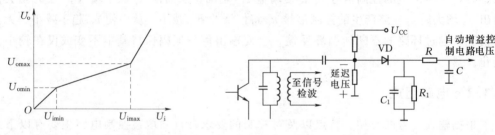

图 7.1.3　延迟自动增益控制电路特性曲线　　　图 7.1.4　延迟自动增益控制电路

但应注意，这里"延迟"二字不是指时间上的延迟。图 7.1.4 是一延迟自动增益控制电路。二极管 VD 和负载 R_1C_1 组成自动增益控制电路检波器，检波后的电压经 RC 低通滤波器，供给自动增益控制电路直流电压。另外，在二极管 VD 上加有一负电压（由负电源分压获得），称为延迟电压。当输入信号 U_i 很小时，自动增益控制电路检波器的输入电压也比较小，由于延迟电压的存在，自动增益控制电路检波器的二极管 VD 一直不导通，没有自动增益控制电路电压输出，因此没有自动增益控制电路作用。只有当输入电压 U_i 大到一定程度（$U_i > U_{imin}$），使检波器输入电压的幅值大于延迟电压后，自动增益控制电路检波器才工作，产生自动增益控制电路作用。调节延迟电压可改变 U_{imin} 的数值，以满足不同的要求。由于延迟电压的存在，信号检波器必然要与自动增益控制电路检波器分开，否则延迟电压会加到信号检波器上，使外来小信号时不能检波，而信号大时又产生非线性失真。

3．前置、后置与基带自动增益控制电路

前置自动增益控制电路是指自动增益控制电路处于解调以前，由高频（或中频）信号中提取检测信号，通过检波和直流放大，控制高频（或中频）放大器的增益。前置自动增益控制电路的动态范围与可变增益单元的级数、每级的增益和控制信号电平有关，通常可以做得很大。后置自动增益控制电路是从解调后提取检测信号来控制高频（或中频）放大器的增益。由于信号解调后信噪比较高，自动增益控制电路就可以对信号电平进行有效的控制。基带自动增益控制电路是整个自动增益控制电路均在解调后的基带进行处理。基带自动增益控制电路可以用数字处理的方法完成，这将成为自动增益控制电路的一种发展方向。

7.1.3 性能指标

自动增益控制电路的主要性能指标有两个：①动态范围；②响应时间。

1. 动态范围

自动增益控制电路是利用电压误差信号去消除输出信号振幅与要求输出信号振幅之间电压误差的自动控制电路。所以当电路达到平衡状态后，仍会有电压误差存在。从对自动增益控制电路的实际要求考虑，一方面希望输出信号振幅的变化越小越好，即要求输出电压振幅的误差越小越好；另一方面也希望容许输入信号振幅的变化范围越大越好。因此，自动增益控制电路的动态范围是在给定输出信号振幅变化范性能越好。例如，收音机的自动增益控制电路指标为：输入信号强度变化 26dB 时，输出电压的变化不超过 5dB。在高级通信机中，自动增益控制电路指标为输入信号强度变化 60dB 时，输出电压的变化不超过 6dB；输入信号在 10μV 以下时，自动增益控制电路不起作用。

2. 响应时间

自动增益控制电路是通过对可控增益放大器增益的控制来实现对输出信号振幅变化的限制，而增益变化又取决于输入信号振幅的变化，所以要求自动增益控制电路的反应既要能跟得上输入信号振幅的变化速度，又不会出现反调制现象，这就是响应时间特性。对自动增益控制电路的响应时间长短的要求，取决于输入信号的类型和特点。根据响应时间长短分别有慢速和快速自动增益控制电路之分。而响应时间的长短的调节由环路带宽决定，主要是低通滤波器的带宽。低通滤波器带宽越宽，则响应时间越短，但容易出现反调制现象。所谓的反调制是指当输入调幅信号时，调幅波的有用幅值变化被自动增益控制电路的控制作用所抵消。

任务 7.2 分析自动频率控制电路

任务描述

频率源是通信和电子系统的心脏，频率源性能的好坏，直接影响到系统的性能。频率源的频率经常受各种因素的影响而发生变化，偏离了标称的数值。本节学习一种稳定频率的方法——自动频率控制，用这种方法可以使频率源的频率自动锁定到近似等于预期的标准频率上。

任务目标

- 了解自动频率控制电路的组成。

- 理解自动频率控制电路的工作原理。
- 掌握自动频率控制电路的性能指标。
- 掌握自动频率控制电路的应用。

7.2.1　工作原理

自动频率控制电路由频率比较器、低通滤波器和可控频率器件三部分组成，如图7.2.1 所示。

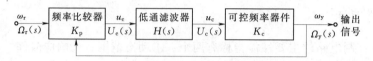

图 7.2.1　自动频率控制电路的组成

自动频率控制电路的被控参量是频率。自动频率控制电路输出的角频率 ω_y 与参考角频率 ω_r 在频率比较器中进行比较，频率比较器通常有两种：①鉴频器；②混频-鉴频器。在鉴频器中的中心角频率 ω_o 就起参考信号角频率 ω_r 的作用，而在混频-鉴频器中，本振信号角频率 ω_L 与输出信号 ω_y 混频，然后再进行鉴频，参考信号角频率 $\omega_r = \omega_o + \omega_L$。当 $\omega_y = \omega_r$ 时，频率比较器无输出，可控频率器件输出频率不变，环路锁定；当 $\omega_y \neq \omega_r$ 时，频率比较器输出误差电压 u_e，它正比于 $\omega_y - \omega_r$，将 u_e 送入低通滤波器后取出缓变控制信号 u_c。可控频率器件通常是电压控制振荡器（Voltage Controlled Oscillator，VCO），其输出振荡角频率可写成

$$\omega_y = \omega_{yo} + K_c u_c \tag{7.2.1}$$

其中 ω_{yo} 是控制信号 $u_c = 0$ 时的振荡角频率，称为电压控制振荡器的固有振荡角频率，K_c 是压控灵敏度。u_c 控制电压控制振荡器，调节电压控制振荡器的振荡角频率，使之稳定在鉴频器中心角频率 ω_o 上。

由此可见，自动频率控制电路是利用误差信号的反馈作用来控制被稳定的振荡器频率，使之稳定。误差信号是由鉴频器产生的，它与两个比较频率源之间的频率差成正比。显然达到最后稳定状态时，两个频率不可能完全相等，必定存在剩余频差 $\Delta\omega = |\omega_y - \omega_r|$。

7.2.2　主要性能指标

对于自动频率控制电路，其主要的性能指标是暂态和稳态响应以及跟踪特性。

1. 暂态和稳态特性

由图 7.2.1 可得自动频率控制电路的闭环传递函数

$$T(s) = \frac{\Omega_y(s)}{\Omega_r(s)} = \frac{K_p K_c H(s)}{1 + K_p K_c H(s)} \tag{7.2.2}$$

由此可得到输出信号角频率的拉氏变换

$$\Omega_y(s) = \frac{K_p K_c H(s)}{1 + K_p K_c H(s)} \Omega_r(s) \tag{7.2.3}$$

对上式求拉氏反变换，即可得到自动频率控制电路的时域响应，包括暂态响应和稳态响应。

2. 跟踪特性

由图 7.2.1 可求得自动频率控制电路的误差传递函数 $T_e(s)$，为误差角频率 $\Omega_e(s)$ 与参考角频率 $\Omega_r(s)$ 之比，其表达式为

$$T_e(s) = \frac{\Omega_e(s)}{\Omega_r(s)} = \frac{1}{1 + K_p K_c H(s)} \tag{7.2.4}$$

从而可得自动频率控制电路中误差角频率 ω 的时域稳定误差值

$$\omega_{e\infty} = \lim_{s \to 0} s\Omega_e(s) = \lim_{s \to 0} \frac{s}{1 + K_p K_c H(s)} \Omega_r(s) \tag{7.2.5}$$

7.2.3　电路应用

自动频率控制电路广泛用作接收机和发射机中的自动频率微调电路、调频接收机中的解调电路等。

1. 自动频率微调电路

图 7.2.2 是一个调频通信机的自动频率控制电路系统的方框图。这里是以固定中频 f_1 作为鉴频器的中心频率，亦作为自动频率控制电路系统的标准频率。当混频器输出差频 $f_1' = f_o - f_s$ 不等于 f_1 时，鉴频器即有误差电压输出，通过低通滤波器，只允许直流电压输出，用来控制本振（压控振荡器），从而使 f_o 改变，直到 $f_1' - f_1$ 减小到等于剩余频差为止。这固定的剩余频差叫做剩余失谐，显然，剩余失谐越小越好。如图 7.2.2 中，本振频率 f_o 为 46.5～56.5MHz，信号频率 f_s 为 45～55MHz，固定中频 f_1 为 1.5MHz，剩余失谐不超过 9kHz。

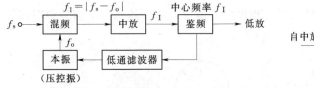

图 7.2.2　调频通信机的自动频率控制电路系统方框图

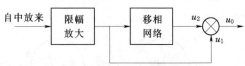

图 7.2.3　自动频率微调电路原理方框图

2. 电视机中的自动微调（AFT）电路

自动微调电路完成将输入信号偏离标准中频（38MHz）的频偏大小鉴别出来，并线性地转化成慢变化的直流误差电压，反送至调谐器本振回路的自动微调变容二极管两端，以微调本振频率，从而保证中频准确、稳定。自动微调电路主要由限幅放大、移相网络、双差分乘法器等组成，其原理方框图如图 7.2.3 所示。

任务 7.3　分析锁相环路（PLL）

任务描述

锁相环也是一种以消除频率误差为目的的反馈控制电路。但它的基本原理是利用相位误差去消除频率误差，所以当电路达到平衡状态时，虽然有剩余相位误差存在，但频率误

差可以降低到零，从而实现无频率误差的频率跟踪和相位跟踪。

任务目标

- 理解锁相环路的工作原理。
- 掌握锁相环路的组成部件特性。
- 掌握锁相环路电路的应用。

7.3.1　锁相环工作原理

锁相环是一个相位负反馈控制系统。它由鉴相器（Phase Detector，PD）、环路滤波

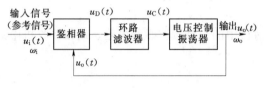

图 7.3.1　锁相环的基本构成

器（Loop Filter，LF）和电压控制振荡器三个基本部件组成，如图 7.3.1 所示。

3 个主要部件的作用如下：

（1）鉴相器：用以比较 u_i、u_o 相位，输出反映相位误差的电压 $u_D(t)$。

（2）环路滤波器：用以滤除误差信号中的高频分量和噪声，提高系统稳定性。

（3）电压控制振荡器：在 $u_C(t)$ 控制下输出相应频率 f_o。

众所周知，若两个正弦信号频率相等，则这两个信号之间的相位差必保持恒定，如图 7.3.2（a）所示。若两个正弦信号频率不相等，则这两个信号之间的相位差将随时间的变化而不断变化，如图 7.3.2（b）所示。也就是说，如果能保持两个信号之间的相位差恒定，则这两个信号频率必定相等。锁相环路就是利用两个信号之间的相位差来控制压控振荡器输出信号的频率，最终使两个信号之间的相位保持恒定，从而达到两个信号频率相等的目的。

图 7.3.2　两个信号的频率和相位之间的关系

若 $\omega_i \neq \omega_o$，则 $u_i(t)$ 和 $u_o(t)$ 之间产生相位变化，鉴相器输出误差电压 $u_D(t)$，它与瞬时误差相位成正比，经过环路滤波，滤除了高频分量和噪声而取出缓慢变化的电压 $u_c(t)$，控制电压控制振荡器的角频率 ω_o，去接近 ω_i。最终使 $\omega_i = \omega_o$，相位误差为常数，环路锁定，这时的相位误差称为剩余相位误差或稳态相位误差。

7.3.2　锁相环路组成部件特性

锁相环路的性能主要取决于鉴相器、压控振荡器和环路滤波器 3 个基本组成部分，它们的基本特性如下。

1. 鉴相器

鉴相器又称为相位比较器，它是用来比较两个输入信号之间的相位差 $\theta_e(t)$。鉴相器

输出的误差信号 $\theta_d(t)$ 是相差 $\theta_e(t)$ 的。

$$u_d(t) = f[\theta_e(t)] \tag{7.3.1}$$

鉴相器的形式很多，按其鉴相特性分为正弦形、三角形和锯齿形等。作为原理分析，通常使用正弦型，较为典型的正弦鉴相器可用模拟乘法器与低通滤波器的串接构成，如图 7.3.3 所示。

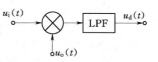

图 7.3.3 正弦鉴相器模型

若以压控振荡器的载波相位 $\omega_o(t)$ 作为参考，将输出信号 $u_o(t)$ 与参考信号 $u_r(t)$ 变形，有

$$u_o(t) = U_o\cos[\omega_o(t) + \theta_2(t)] \tag{7.3.2}$$

$$u_r(t) = U_r\sin[\omega_r t + \theta_r(t)] = U_r\sin[\omega_o t + \theta_1(t)] \tag{7.3.3}$$

其中

$$\theta_2(t) = \theta_o(t)$$

$$\theta_1(t) = (\omega_r - \omega_o)t + \theta_r(t) = \Delta\omega_o t + \theta_r(t) \tag{7.3.4}$$

将 $u_o(t)$ 与 $u_r(t)$ 相乘，滤除 $2\omega_o$ 分量，可得

$$u_d(t) = U_d\sin[\theta_1(t) - \theta_2(t)] = U_d\sin\theta_e(t) \tag{7.3.5}$$

其中

$$U_d = K_m U_r U_o/2$$

式中：K_m 为相乘器的相乘系数，$1/V$。

在同样的 $\theta_e(t)$ 下 U_d 越大，鉴相器的输出就越大。因此，U_d 在一定程度上反映了鉴相器的灵敏度。图 7.3.4 和图 7.3.5 是正弦鉴相器的数学模型和鉴相特性。

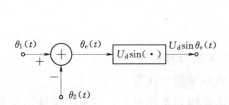

图 7.3.4 正弦鉴相器的数学模型

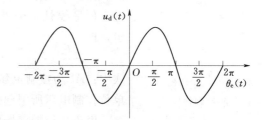

图 7.3.5 正弦鉴相器的鉴相特性

2. 环路滤波器

环路滤波器是一个线性低通滤波器，用来滤除误差电压 $u_d(t)$ 中高频分量和噪声，更重要的是它对环路参数调整起到决定性的作用。环路滤波器由线性元件电阻、电容和运算放大器组成。因为它是一个线性系统，在频域分析中可用传递函数 $F(s)$ 表示，其中 $s = \sigma + j\omega$ 是复频率。若用 $s = j\omega$ 代入 $F(s)$ 就得到它的频率响应 $F(j\omega)$。图 7.3.6 是环路滤波器的模型。

（a）时域模型 （b）频域模型

图 7.3.6 环路滤波器的模型

常用的环路滤波器有 RC 积分滤波器、比例积分滤波器和有源积分滤波器等，它们的电路分别如图 7.3.7 所示，由图可以写出它们的传递函数，现以图 7.3.7（b）为例，得

$$A_F(s) = \frac{U_c(s)}{U_d(s)} = \frac{R_2 + \dfrac{1}{sC}}{R_1 + R_2 + \dfrac{1}{sC}} = \frac{1 + s\tau_2}{1 + s(\tau_1 + \tau_2)} \tag{7.3.6}$$

式中：$U_c(s)$ 和 $U_d(s)$ 分别为输出和输入电压的拉氏变换式，$s=\sigma+j\omega$ 为复频率，$\tau_1=R_1C$，$\tau_2=R_2C$。

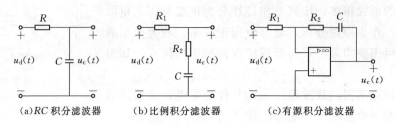

(a)RC 积分滤波器　　　　(b)比例积分滤波器　　　　(c)有源积分滤波器

图 7.3.7　环路滤波器

　　比例积分器可把鉴相器输出电压，即使是非常小的电压累积起来，形成一个相当大的控制电压。只要改变 R_1、R_2、C 就可以改变环路滤波器的性能，也方便改变锁相环路的性能。

　　锁相环路通过环路滤波器的作用，具有窄带滤波器特性，可将混进输入信号中的噪声和杂散干扰去掉。在设计好时，这个通带能做得极窄。

　　3. 压控振荡器

　　压控振荡器是一个电压-频率变换装置，它的振荡角频率应随输入控制电压 $u_c(t)$ 的变化而变化。一般情况下，压控振荡器的控制特性是非线性的，如图 7.3.8 所示，ω_{00} 是未加控制电压 $u_c(t)$ 时的压控振荡器的固有振荡角频率。不过，在 $u_c(t)=0$ 附近的有限范围内控制特性近似呈线性，因此，它的控制特性可近似用线性方程来表示，即

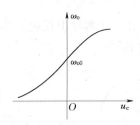

图 7.3.8　压控振荡器
的控制特性

$$\omega_o(t)=\omega_{00}+A_ou_c(t) \tag{7.3.7}$$

式中：A_o 为控制灵敏度，或称增益系数，$\mathrm{rad/(s \cdot V)}$，它表示单位控制电压所引起振荡角频率的变化量。

　　由于压控振荡器的输出反馈到鉴相器上，对鉴相器输出误差电压 $u_D(t)$ 起作用的不是其频率而是相位，因此对式（7.3.7）进行积分，则得

$$\varphi(t)=\int_0^t \omega_o(t)\mathrm{d}t=\omega_{00}+A_o\int_0^t u_c(t)\mathrm{d}t \tag{7.3.8}$$

已知压控振荡器的输出电压为 $u_o(t)=U_{om}\cos[\omega_{00}t+\varphi_o(t)]$，与式（7.3.8）比较得

$$\varphi_o(t)=A_o\int_0^t u_c(t)\mathrm{d}t \tag{7.3.9}$$

　　可见就 $u_o(t)$ 和 $u_c(t)$ 之间关系来说，压控振荡器是一个理想的积分器，通常称它为锁相环路中的固有积分环节。

7.3.3　锁相环路的捕捉与跟踪

　　锁相环路根据初始状态的不同有两种自动调节的过程，即捕捉和跟踪。

　　1. 锁相环路的捕捉

　　当锁相环路没有输入信号 u_i 时，电压控制振荡器以固有角频率 ω_{00} 振荡，当加入信号 u_i 时，ω_i 不等于电压控制振荡器的固有角频率而存在固有输入角频差 $\Delta\omega_i=\omega_i-\omega_{00}$ 振荡，

锁相环路初始状态是失锁的。此后，鉴相器输出一误差电压，经环路滤波器变换后控制电压控制振荡器的频率，使其输出信号的角频率由 ω_{o0} 逐渐向输入信号角频率 ω_i 靠拢，达到一定程度后，环路进入锁定，$\omega_o = \omega_i$。这种由失锁进去锁定的过程称为捕捉过程。能够由失锁进入锁定的最大输入固有频差称为环路捕捉带，用 $\Delta\omega_p$ 表示。

2. 锁相环路的跟踪

若环路初始状态是锁定的，因某种原因使频率发生变化，环路通过自身的调节来维持锁定的过程称为跟踪过程。能够保持跟踪的输入信号频率与压控振荡器频率最大频差范围称为同步带（又称跟踪带），用 $\Delta\omega_H$ 表示。

7.3.4 锁相环路的应用

锁相环路有很多独特的优点，所以应用十分广泛。下面先说明锁相环路的基本特性，再通过几个例子来说明锁相环路的一些应用。

1. 锁相环路的基本特性

（1）环路锁定时，鉴相器的两个输入信号频率相等，没有频率误差。

（2）频率跟踪特性：环路锁定时，电压控制振荡器输出频率能在一定范围内跟踪输入信号频率的变化。

（3）窄带滤波特性：可以实现高频窄带带通滤波。

2. 锁相环路的调频与解调

用锁相环调频，能够得到中心频率高度稳定的调频信号，如图 7.3.9 所示。

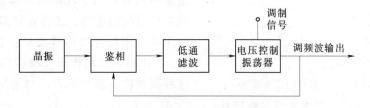

图 7.3.9 锁相环路调频器方框图

实现调制的条件是：调制信号的频谱要处于低通滤波器通频带之外，并且调频指数不能太大。这样，调制信号不能通过低通滤波器，因而在锁相环路内不能形成交流反馈，也就是调制频率对锁相环路无影响。锁相环就只对电压控制振荡器平均中心频率不稳定所引起的分量（处于低通滤波器通带之内）起作用，使它的中心频率锁定在晶振频率上。因此，输出调频波的中心频率稳定度很高。这样，用锁相环路调频器能克服直接调频的中心频率稳定度不高的缺点。若将调制信号经过微分电路送入压控振荡器，环路输出的就是调相信号。

调制跟踪锁相环本身就是一个调频解调器。它利用锁相环路良好的调制跟踪特性，使锁相环路跟踪输入调频信号瞬时相位的变化，从而从电压控制振荡器控制端获得解调输出。锁相环鉴频器的组成如图 7.3.10 所示。

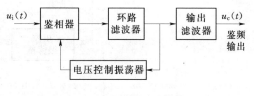

图 7.3.10 锁相鉴频器

图 7.3.11 为用 NE562 集成锁相环构成的调频解调器。

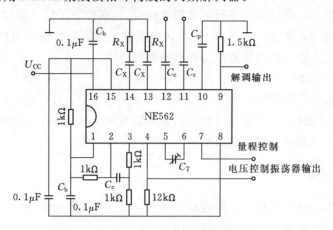

图 7.3.11　NE562 调频解调器

3. 同步检波器

如果锁相环路的输入电压是调幅波，只有幅度变化而无相位变化，则由于锁相环路只能跟踪输入信号的相位变化，所以环路输出得不到原调制信号，而只能得到等幅波。用锁

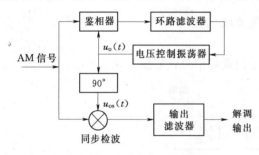

图 7.3.12　AM 信号同步检波器

相环对调幅信号进行解调，实际上是利用锁相环路提供一个稳定度高的载波信号电压，与调频波在非线性器件中乘积检波，输出的就是原调制信号。AM 信号频谱中，除包含调制信号的边带外，还含有较强的载波分量，使用载波跟踪环可将载波分量提取出来，再经 90°移相，可用作同步检波器的相干载波。这种同步检波器如图 7.3.12 所示。

4. 锁相接收机（利用窄带跟踪特性）

当信号频率漂移较严重时，若采用普通接收机，就要求带宽较宽，这可能导致接收机输出信噪比严重下降而无法检出有用信号。采用锁相接收机，利用锁相环路的窄带跟踪特性，就可自动跟踪信号频率进行接收，有效提高输出信噪比。锁相接收机如图 7.3.13 所示。

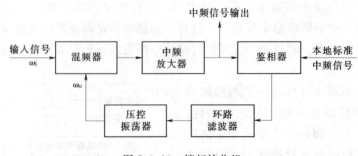

图 7.3.13　锁相接收机

任务 7.4 频率合成器

任务内容

　　随着电子技术的发展，要求信号的频率越来越准确和越来越稳定，一般振荡器已不能满足系统设计的要求。晶体振荡器的高准确度和高稳定度早已被人们认识，成为各种电子系统的必选部件。但是晶体振荡器的频率变化范围很小，其频率值不高，很难满足通信、雷达、测控、仪器仪表等电子系统的需求，在这些应用领域，往往需要在一个频率范围内提供一系列高准确度和高稳定度的频率源，这就需要应用频率合成技术来满足这一需求。

任务目标

- 掌握频率合成器的作用。
- 了解频率合成器的种类与主要性能指标。
- 掌握简单锁相频率合成器的组成与工作原理。
- 了解提高锁相频率合成器输出频率的方法。

7.4.1 频率合成器的主要技术指标

　　1. 频率范围

　　频率范围指的是频率合成器的工作频率范围。

　　2. 频率间隔（频率分辨率）

　　频率合成器的输出是不连续的。两个相邻频率之间的最小间隔，就是频率间隔。频率间隔又称为频率分辨率。不同用途的频率合成器，对频率间隔的要求是不相同的。对短波单边带通信来说，现在多取频率间隔为 100Hz，有的甚至取 10Hz、1Hz 乃至 0.1Hz。对超短波通信来说，频率间隔多取为 50kHz、25kHz 等。在一些测量仪器中，其频率间隔可达 MHz 量级。

　　3. 频率转换时间

　　频率转换时间是指频率合成器从某一个频率转换到另一个频率并达到稳定所需要的时间。它与采用的频率合成方法有密切的关系。

　　4. 准确度与频率稳定度

　　频率准确度是指频率合成器工作频率偏离规定频率的数值，即频率误差。而频率稳定度是指在规定的时间间隔内，频合成器频率偏离规定频率相对变化的大小。这是频率合成器的两个重要的指标，两者既有区别，又有联系。通常认为频率误差已包括在频率不稳定的偏差之内，因此一般只提频率稳定度。

　　5. 频谱纯度

　　影响频率合成器频谱纯度的因素主要有两个：①相位噪声；②寄生干扰。

　　相位噪声是瞬间频率稳定度的频域表示，在频谱上呈现为主谱两边的连续噪声，如图 7.4.1（a）所示。相位噪声的大小可用频率轴上距主谱 f 处的相位功率谱密度来表示。相位噪声是频率合成器质量的主要指标，锁相频率合成器相位噪声主要来源于参考振荡器和压控振荡器。此外，环路参数的设计对频率合成器的相位噪声也有重要的影响。图

7.4.1（b）是一频率合成器的实际频谱图。寄生（又称为杂散）干扰是非线性部件所产生的，其中最严重的是混频器，寄生十扰表现为一些离散的频谱，如图7.4.1所示。混频器中混频比的选择以及滤波器的性能对于寄生干扰的抑制是至关重要的。

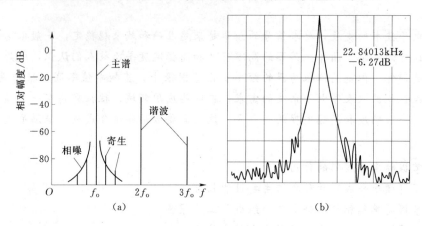

图 7.4.1 频率合成器的频谱

7.4.2 锁相频率合成器

7.4.2.1 简单锁相频率合成器

在基本锁相环路的反馈通道中插入分频器就可以构成锁相频率合成器，如图7.4.2所示。

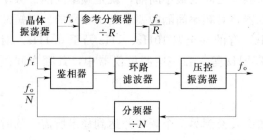

图 7.4.2 简单锁相频率合成器

图 7.4.2 中由石英晶体振荡器产生一高稳定度的标准频率源 f_s；$\div R$ 为参考分频器，用以对 f_s 进行固定分频，使参考频率降低为 $f_r = f_s/R$；$\div N$ 是可编程分频器，它将压控振荡器输出频率进行 N 分频。当锁相环路锁定时，即有 $f_r = f_o/N$，因此，压控振荡器输出信号频率为

$$f_o = Nf_s/R = Nf_r \qquad (7.4.1)$$

即输出信号频率 f_o 为输入参考信号频率 f_r 的 N 倍，故又把图7.4.2所示锁相频率合成器称为锁相倍频电路。改变分频比 N 就可得到不同频率的信号输出，f_r 为各输出信号频率之间的频率间隔。

这种简单的锁相频率合成器存在下列问题：①频率间隔和频率转换时间的矛盾，频率间隔越小（即 f_r 越低），要求低通滤波器的带宽越窄，则频率转换时间就越长；②受可编程分频器工作频率的限制，输出频率不能向高端发展。

7.4.2.2 锁相频率合成器的改进

采用吞脉冲频率合成器可在频率间隔不变的情况下提高工作效率。

由于固定分频器的速度远比程序分频器高，所以在频率合成器中采用由固定分频器与程序分频器组成的吞脉冲可变分频器可以在不加大频率间隔的条件下显著提高输出频率。

用吞脉冲可变分频器构成的频率合成器框图如图 7.4.3 所示。双模前置分频器为具有两种计数模式的固定分频器，$\div N$ 和 $\div A$ 为两个程序分频器。由于吞脉冲可变分频器的分频比为 $PN+A$，当锁相环路锁定时，频率合成器的输出信号频率为

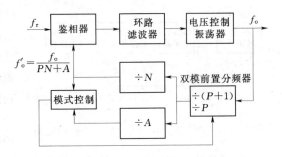

$$f_\circ = (PN+A)f_r \qquad (7.4.2)$$

式（7.4.2）说明，与简单的频率合成器相比，$f_\circ$ 提高了 P 倍，而频率间隔仍为 f_r。

图 7.4.3　吞脉冲可变分频器组成框图

以下简单介绍 MC145146 吞脉冲集成锁相频率合成器，如图 7.4.4 所示。MC145 系列集成频率合成器件，采用 CMOS 工艺。其中 MC145200、MC145201 工作频率可达 2GHz。

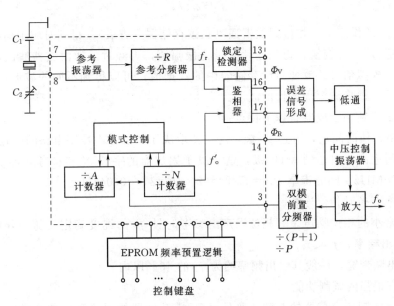

图 7.4.4　用 MC145146 构成的吞脉冲频率合成器

7.4.3　直接数字式频率合成器（DDS）

直接数字式频率合成器是近年来发展非常迅速的一种器件，它采用全数字技术，具有分辨率高、频率转换时间短、相位噪声低等特点，并具有很强的调制功能和其他功能。

直接数字式频率合成器的基本思想是在存储器中存入正弦波的 N 个均匀间隔样值，然后以均匀速度把这些样值输出到数模变换器，将其变换成模拟信号。最低输出频率的波形会有 N 个不同的点。同样的数据输出速率，但存储器中的值每隔一个值输出一个，就能产生二倍频率的波形。以同样的速率，每隔 k 个点输出就得到 k 倍频率的波形。频率分辨率与最低频率一样。其上限频率由 Nyquist 速率决定，与直接数字式频率合成器所用的

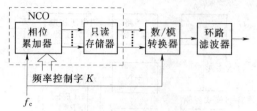

图 7.4.5　直接数字式频率合成器的组成框图

工作频率有关。直接数字式频率合成器的组成如图 7.4.5 所示，它由一相位累加器、只读存储器（ROM）、数/模转换器（DAC）和低通滤波器组成，图中 f_c 为时钟频率。相位累加器和只读存储器构成数控振荡器。相位累加器的长度为 N，用频率控制字 K 去控制相位累加器的次数。对一个定频 ω，$\mathrm{d}\varphi/\mathrm{d}t$ 为一常数，即定频率信号的相位变化与时间呈线性关系，用相位累加器来实现这个线性关系。不同的 ω 值需要不同的 $\mathrm{d}\phi/\mathrm{d}t$ 的输出，这就可用不同的值加到相位累加器来完成。当最低有效位为 1 加到相位累加器时，产生最低的频率，在时钟 f_c 的作用下，经过了 N 位累加器的 2^N 个状态，输出频率为 $f_c/2^N$。加任意的 M 值到累加器，则直接数字式频率合成器的输出频率为

$$f_o = \frac{M}{2^N} f_c \tag{7.4.3}$$

在时钟 f_c 的作用下，相位累加器通过只读存储器（查表），得到对应于输出频率的量化振幅值，通过 D/A 变换，得到连续的量化振幅值，再经过低通滤波器滤波后，就可得到所需频率的模拟信号。改变只读存储器中的数据值，可以得到不同的波形，如正弦波、三角波、方波、锯齿波等周期性的波形。

直接数字式频率合成器有以下特点：

（1）频率转换时间短，可达 μs 级，这主要取决于累加器中数字电路的门延迟时间。

（2）分辨率高，可达到 MHz 级，这取决于累加器的字长 N 和参考时钟 f_c。如果 $N=32$，$f_c=20\mathrm{MHz}$，则分辨率 $\Delta F = f_c/2^N = 2\times10^6/2^{32} = 0.047\mathrm{Hz}$。

（3）频率变换时相位连续。

（4）非常小的相位噪声。其相位噪声由参考时钟 f_c 的纯度确定，随 $20\lg(f_o/f_c)$ 改善，f_o 为输出频率，$f_o < f_c$。

（5）输出频带宽，一般其输出频率约为 f_c 的 40% 以内。

（6）具有很强的调制功能。

直接数字式频率合成器的杂散主要是由数/模转换器的误差和离散抽样值的量化近视引起的，改善直接数字式频率合成器的杂散的方法有：

（1）增加数/模转换器的位数，数/模转换器的位数增加一位，杂散电平降低 6dB。

（2）增加有效相位数，每增加一位，杂散电平降低 8dB。

（3）设计性能良好的滤波器。

直接数字式频率合成器和环路锁相器这两种频率合成方式不同，各有其独有的特点，不能相互代替，但可以相互补充。将这两种技术相结合，可以达到单一技术难以达到的结果。图 7.4.6 是直接数字式频率合成器驱动环路锁相器频率合成器，这种频率合成器由直接数字式频率合成器产生分辨率高的低频信号，将直接数字式频率合成器的输出送入一倍频-混频环路锁相器，其输出频率为

$$f_o = f_c + N f_{\mathrm{DDS}} \tag{7.4.4}$$

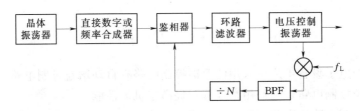

图 7.4.6 直接数字式频率合成器驱动环路锁相器频率合成器

其输出频率范围是直接数字式频率合成器输出频率的 N 倍，因而输出带宽宽，分辨率高，可达 1Hz 以下，取决于直接数字式频率合成器的分辨率和环路锁相器的倍频次数；转换时间快，由于环路锁相器是固定的倍频环，环路带宽可以较大因而建立时间就快，可达 μs 级；N 不大时，相位噪声和杂散都可以较低。

在直接数字式频率合成器中，输出信号波形的 3 个参数：频率 ω、相位 φ 和振幅 A 都可以用数据字来定义。ω 的分辨率由相位累加器中比特数来确定，φ 的分辨率由只读存储器中的比特数确定，而 A 的分辨率由数/模转换器中的分辨率确定。因此，在直接数字式频率合成器中可以完成数字调制和模拟调制。频率调制可以用改变频率控制字来实现，相位调制可以用改变瞬时相位来实现，振幅调制可用在只读存储器和数/模转换器之间加数字乘法器来实现。因此，许多厂商在生产直接数字式频率合成器芯片时，就考虑了调制功能，可直接利用这些直接数字式频率合成器芯片完成所需的调制功能，这无疑为实现各种调制方式增添了更多的选择。而且，用直接数字式频率合成器完成调制带来的好处是以前许多相同调制的方法难以比拟的。图 7.4.7 是 AD 公司生产的直接数字式频率合成器芯片 AD7008，其时钟频率有 20MHz 和 50MHz 两种，相位累加器长度 $N=32$。它不仅可以用于频率合成，而且具有很强的调制功能，可以完成各种数字和模拟调制功能，如 AM、PM、FM、ASK、PSK、FSK、MSK、QPSK、QAM 等调制方式。用直接数字式频率合成器完成调制，其调制方式是非常灵活方便的，调制质量也是非常好的。这样，就将频率合成和数字调制合二为一，一次完成，系统大大简化，成本、复杂度也大大降低，不失为一种优良的选择。

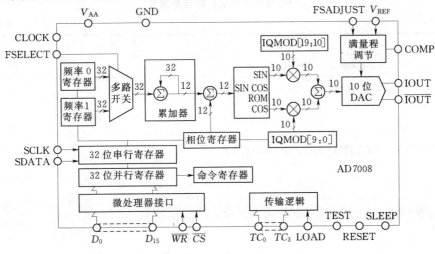

图 7.4.7 AD7008 框图

项 目 小 结

（1）通信与电子设备中广泛采用的反馈控制电路有自动增益控制电路、自动频率控制电路和自动相位控制电路，它们用来改善和提高整机的性能。

自动增益控制电路用来稳定输出电压或电流的幅度；自动频率控制电路用于维持工作频率的稳定；自动相位控制电路又称锁相环路，用于实现两个电信号的相位同步。

（2）锁相环路是利用相位的调节以消除频率误差的自动控制系统，由鉴相器、环路滤波器、压控振荡器等组成。当环路锁定时，环路输出信号频率与输入信号（参考信号）频率相等，但两信号之间保持一恒定的剩余相位误差。

锁相环路广泛应用于滤波、频率合成、调制与解调等方面。

在锁相环路中应搞清楚两种自动调节过程，若锁相环路的初始状态是失锁的，通过自身的调节，由失锁进入锁定的过程称为捕捉过程；若环路初始状态是锁定的，因某种原因使频率发生变化，环路通过自身的调节来维持锁定的过程，称为跟踪过程。捕捉特性用捕捉带表示，跟踪特性用同步带表示。

（3）相频率合成器由基准频率产生器和锁相环路构成，基准频率产生器为合成器提供高稳定性的参考频率，锁相环路则利用其良好的窄带跟踪特性，使输出频率保持在参考频率的稳定度上。采用多环锁相或吞脉冲可变分频器，可使锁相频率合成器的工作频率提高，又可获得所的频率间隔。直接数字频率合成器采用全数字技术，是发展迅速的一种集成器件，具有极宽的工作频率范围、极高的频率分辨率、极快的频率切换速度，且频率切换时相位连续、任意波形的输出能力和数字调制等优点，得到广泛应用。

项 目 考 核

《通信电子线路》项目考核表

考核日期：   表号：考核 7-1

班级		学号		姓名	
项目名称：分析自动增益控制电路					
1. 画出自动增益控制电路组成框图。					
2. 设计具有简单自动增益控制电路的调幅接收机的电路。					
3. 对简单自动增益控制电路的调幅接收机的电路进行改进。					

《通信电子线路》项目考核表

考核日期：　　　　　　　　　　　　　　　　　　　　　　　　　表号：考核 7 - 2

班级		学号		姓名	

项目名称：分析自动频率控制电路

　1. 画出自动频率控制电路原理框图。

　2. 画出调幅接收机中的自动频率控制电路系统。

　3. 设计具有简单自动频率控制电路的调频发射机的电路。

《通信电子线路》项目考核表

考核日期：　　　　　　　　　　　　　　　　　　　　　　　　　表号：考核 7 - 3

班级		学号		姓名	

项目名称：分析锁相环路

　1. 画出锁相环路的基本组成框图。

　2. 画出鉴相器、压控振荡器的特性曲线图并加以分析。

　3. 设计一个简单的具有锁相环路的同步检波电路。

《通信电子线路》项目考核表

考核日期：　　　　　　　　　　　　　　　　　　　　　　　　　表号：考核 7 - 4

班级		学号		姓名	
项目名称：分析频率合成器					

1. 列举频率合成器的性能指标，分析合成器在某选定输出频率附近的频谱成分。

2. 画出简单锁相频率合成器的组成框图。

3. 比较直接数字式频率合成器与锁相环路两种频率合成技术，说出它们的各自的特点，设计出由直接数字式频率合成器驱动锁相环路的频率合成器电路，画出其组成框图。

《通信电子线路》项目考核表

考核日期：　　　　　　　　　　　　　　　　　　　　　　　　　表号：考核 7 - 5

班级		学号		姓名	
项目名称：分析反馈控制电路					

1. 有哪几类反馈控制电路，每一类反馈控制电路控制的参数是什么，要达到的目的是什么？

2. 自动增益控制电路的作用是什么？主要的性能指标包括哪些？

3. 已知接收机输入信号动态范围为 80dB，要求输出电压在 0.8～1V 范围内变化，则整机增益控制倍数应是多少？

4. 图 P7.1 是调频接收机自动增益控制电路的两种设计方案，试分析哪一种方案可行，并加以说明。

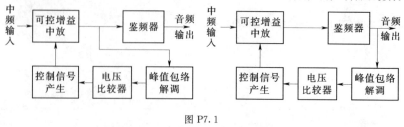

图 P7.1

班级		学号		姓名	

项目名称：分析反馈控制电路

5. 自动频率控制电路的组成包括哪几部分，其工作原理是什么？

6. 图 P7.2 所示为某调频接收机自动频率控制电路方框图，它与一般调频接收机自动频率控制电路系统比较有何差别？优点是什么？如果将低通滤波器去掉能否正常工作？能否将低通滤波器合并在其他环节里？

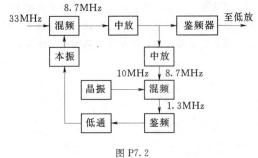

图 P7.2

7. 自动频率控制电路达到平衡时回路有频率误差存在，而锁相环路在电路达到平衡时频率误差为零，这是为什么？锁相环路达到平衡时，存在什么误差？

8. 锁相环路的主要性能指标有哪些？其物理意义是什么？

9. 已知一阶锁相环路鉴相器的 $U_d=2V$，压控振荡器的 $K_0=104Hz/V$［或 $2\pi\times104rad/s \cdot V$］，自由振荡频率 $\omega_0=2\pi\times106rad/s$。问当输入信号频率 $\omega_i=2\pi\times1015\times10^3 rad/s$ 时，环路能否锁定？若能锁定，稳态相差等于多少？此时的控制电压等于多少？

10. 已知一阶锁相环路鉴相器的 $U_d=2V$，压控振荡器的 $K_0=15kHz/V$，$\omega_0/2\pi=2MHz$。问当输入频率分别为 1.98MHz 和 2.04MHz 的载波信号时，环路能否锁定？稳定相差多大？

11. 已知一阶锁相环路鉴相器的 $U_d=0.63V$，压控振荡器的 $K_0=20kHz/V$，$f_0=2.5MHz$，在输入载波信号作用下环路锁定，控制频差等于 10kHz。问：输入信号频率 ω_i 为多大？环路控制电压 $u_0(t)=$？稳定相差 $\theta_e(\infty)=$？

参 考 文 献

[1]　胡宴如.高频电子线路.北京：高等教育出版社，2001.

[2]　董在望.通信电路原理.北京：高等教育出版社，2002.

[3]　张肃文，陆兆熊.高频电子线路（第三版）.北京：高等教育出版社，1993.

[4]　沈伟慈.高频电路.西安：西安电子科技大学出版社，2000.

[5]　廖惜春.高频电子线路.广州：华南理工大学出版社，2001.

[6]　谈文心，邓建国，张相臣.高频电子线路.西安：西安交通大学出版社，1996.